JN127493

The House of Owls

フクロウの家

Tony Angell

トニー・エンジェル
伊達淳訳

白水社

フクロウの家

THE HOUSE OF OWLS by Tony Angell
Copyright © 2015 by Tony Angell
Foreword © 2015 by Robert Michael Pyle
Originally published by Yale University Press

This edition is published by arrangement with Yale Representation Limited, London
through Tuttle-Mori Agency, Inc., Tokyo

装丁　榛名事務所
装画　Tony Angell

目次

序

ロバート・マイケル・パイル

　フクロウ。まさにこの四文字に、わたしは幼い頃から興奮させられてきた。皆さんが手にしているこの素晴らしい本の著者と違って、わたしはフクロウを捕まえたことも、飼育したことも、一緒に生活したこともない。ソートン・バージェスの『ベッドタイム・ストーリーズ』でフクロウのフーティーと出会い、『フクロウと仔猫ちゃん』に夢中になり、近所の図書館の棚を隅から隅まで眺めて、カワウソや貝や蝶に関する本をくまなく探したのと同じように、フクロウに関する本を探した。その後、フクロウと共に暮らした人たちを取り上げた記事を読んだ。それから何年も後になって、ジョナサン・マスロウの『フクロウについて』やマックス・ターマンの『フクロウからのメッセージ』、ベアント・ハインリヒの『ブボがいた夏』にも行き着いた。『ハリー・ポッター』シリーズを読んだときは、ハリーの飼っているフクロウのヘドウィグが最高だった。手紙を運んでくれるフクロウもどれもこれもが良かった。ただ、子供の頃から自然保護論者だった（と自分では思っている）わたしとしては、カール・ハイアセンの『フート』が当時まだなかったことが残念でならない。

　フクロウの本を読むことは子供の頃から好きだったが、血が通い羽毛に包まれた本物のフクロウを実際に目撃することに関しては、さらに熱心だった。戦後のコロラドの分譲住宅地では、そんな機会は滅多になかった。しかしまもなく、わたしは碁盤の目のように整然と囲い込まれて愛想のない新興住宅地を逃れて、ハイライン運河まで足を延ばすようになった。正真正銘の田園地帯の外れにある古い灌漑用水路である。そこであるとき、心踊る体験をした――ハコヤナギの木にあった古いカササギの巣から、一羽のアメリカワシミミズクが飛び立つところを見たのだ。フクロウの存在が、急に現実味を帯びて感じられた。

スリルに満ちたあの瞬間以来、それまで見たことのなかった種類のフクロウを自然の中で初めて見たときのことを、今でも思い出すことができる。初めて見たキタマダラフクロウは、セコイア国立公園の大木の低い位置に伸びた太い枝に作られた巣の中にいた。初めて見たオナガフクロウは、アラスカ・ハイウェイに沿ってどこまでも続くタイガ地帯に屹立するクロトウヒのてっぺんで堂々としていた。初めて見たヒメキンメフクロウは、オリンピア近郊の小さな湖のほとりで魚を捕まえていた。カラフトフクロウを初めて見たのは、ある日の早朝、オレゴン州北東部のブルー山脈でのことだった。想像していた以上に大きかった。初めて見たプエオは、マウナケア山にかかる霧を切り裂くようにわたしに向かって飛翔してきた。顔のある飛行機のように見えた。シロフクロウを初めて見たときのこともよく覚えている。それまでは神話に出てくる架空の存在としか思っていなかった。前日に見たとか、ほんの一時間前にいたとか、他のみんなは口々に言っていたのに、わたしにはなかなかその姿を見せてくれなかった。と思っていると、コネチカット州ニューヘイヴン北部に位置する酷寒の浜辺に吹き積もった雪を背景に、目を細めているシロフクロウをついに見つけたのだった。

実際、フクロウがわたしにとってより深い意味合いを持つようになったのは、ニューヘイヴンで過ごした三年間のことだった。ここで言うフクロウとは、飛ぶことも鳴くこともないフクロウ、石やテラコッタや木や銅などで作られた装飾としてのフクロウのことだ。フクロウはギリシア神話に登場する女神パラス・アテナが司る知恵と学問、その他さまざまな学究や勇気にまつわる特性の象徴としてさまざまなところでくりかえし表現されているように、イェール大学のキャンパスでもあちこちを飾っていた。一九七四年の秋、大学院進学のためにイェール大学に到着したわたしは、論文の構想について自分自身が尻込みしていたことと、少し不安を感じていたということもあって、幾分のんびりとしたスタートを切った。大学の学部や各研究科のゴシック建築にモチーフとしてフクロウがよく使われていて、しかも広いキャンパス内の各エリアにひとつずつあるということに気づいて以来、わたしはそれらを探すようになった。当初は主に転位行動としてだった。自分がそこにいることに対する自信の欠如を補う（もしくはそこから目を背ける）ための方法を、そうして確立していたというわけだ。やがて尻込みすることもなくなって、論文の準備が軌道に乗り出すと、転位行動をする理由がなくなった。しかしその頃にはフクロウ探しにのめり込んでいて、そこで過ごした三年間はずっとフクロウを追い求め続けていた。

イェール大学の第二七五回卒業式に臨む頃には、風見となってスターリング図書館の屋根のてっぺんに設置された銅製の大きなフクロウや、葉飾りをあしらった法科大学院の塔から四方を見渡すフクロウのガーゴイル、他にも扉や装飾壁、繰形に彫られたフクロウの雛など、神聖な殿堂や彫刻の施された壁面に発見したフクロウはおよそ七十五「種」を数えていた。本物のフクロウは一羽もなかったが、大学院のきつい勉強から気を紛らすには十分だった（それから何年も経って、南カリフォルニアにあるレッドランズ大学で全国読書会が行なわれたときのことだが、開け放ったドアの外を飛んでいくメンフクロウとアメリカワシミミズクが気になって、他の作家たちもわたしも何度もテキストから顔を上げたものだ。イェール大学で過ごした時期がそんなふうだったら、おそらくわたしの研究は終わっていなかっただろう！）。進化をテーマにしたチャールズ・レミントン教授の素晴らしい講義の数々も忘れられないし、演劇大学院時代のメリル・ストリープの演技も印象的に残っているし、極寒のロングアイランド海峡の岸辺付近を飛ぶ本物のシロフクロウを初めて見たことも忘れがたいが、自然に関する考察と芸術がエレガントに混じり合った時間を過ごしたこの呑気な大学院時代も、同じくらい印象的な体験として今も記憶に残っている。

以来四十年間、なんと多くのフクロウが、昼となく夜となく、わたしの毎日を彩ってきてくれたことか。ワシントン州東部で玄武岩が突き出た崖に見つけたアメリカワシミミズクやメンフクロウのふわふわした雛。サマセットの片田舎で見た、妖精のような金切り声を上げるモリフクロウ。夜明けに道路の盛り上がったところから顔を出したアナホリフクロウの大きな目は真ん丸だった。合衆国西部をのんびりとヒッチハイクしていたわたしは、その道路の反対側で眠っていたのだ。コミミズクは、ハイイロチュウヒやアカオノスリ、それに何万羽ものハクガンと一緒にスカジット平野を飛んでいた。毎年同じ木の洞には、律儀にも毎年同じスズメフクロウとアメリカオオコノハズクがいた。ブリティッシュコロンビアで見たアメリカフクロウは「誰がみんなのために料理する《フー・クックス・フォー・ヨール》……」と甲高く鳴き、世間知らずの若いマニアは、とうとう獣人ビッグフットの声を録音することに成功したと信じ込んでしまったものだ。ワイオミング州の冬景色の中、ヤナギの木の叉になったところで身じろぎもせずにとまっているアメリカワシミミズクを見たときは、ヤマネコかと思ってしまった。そのアメリカワシミミズクは、我が家の庭にある洞のある木に何匹も棲みついていたムササビを駆逐した。みんないなくなってしまうまで、幅広の灰色の尻尾が毎朝、芝生の上に落ちていた。アメリカワシミミズクもその後、いなくなった。我が家の飼い猫に襲いかかったメンフクロウ、リハビリを施した後で天井の高い納屋の切妻屋根の中にいた親兄弟のもとに返してやったメンフクロウ。コロンビア盆地で幾層にも重なる防風林を形成する松の木の大枝に並んでとまるトラフズクは、まるで小さなトーテム像だった。

あのときは一九七一年に開催されたバードフェスティバルでの野外調査旅行の最中で、ロジャー・トーリー・ピーターソンと一緒に見たのだった。

そのときの旅行の同行者で、鳥類学の分野におけるもう一人の権威がトニー・エンジェルである。トニーとは一九六〇年代にシアトルで出会ったのだが、熱心で有能な博物学者である彼は、シアトルの街をわたしのような学生にとって非常に刺激的なものにしてくれた。わたしたちの友情はそのとき始まり、まもなく半世紀を迎える。出会って数年が経った頃、トニーはわたしが勤めるザ・ネイチャー・コンサーバンシーのワシントン支部長をしていた。この頃には、彼が鳥類や哺乳類を対象にした一流の彫刻家であり、ペン画家であり、作家であるということはすでに各地に知れ渡っていた。トニーはカラスやフクロウ、その他の猛禽をこよなく愛し、数々の素晴らしい書物を著わしていた。おそらく、人生を通して情熱を注いできたフクロウについて、またフクロウから教わったことについて彼が本を書くことは、運命だったのだろう。そんな一冊が刊行予定だと聞いて、わたしは歓喜した。それまで愛読してきたどのフクロウの本よりも素晴らしい一冊になると思ったのだ。それが本書である。

『フクロウの家』は、わたしのようなフクロウ好きにとって、とにかく嬉しい本である。しかしそれだけではない。鳥類に関わる仕事をしている人や博物学者、それに生物界とその驚くべき現象に関心を持っているすべての人を満足させる一冊である。本書の肝は、タイトルにもなっている「フクロウの家」の章だと思う。トニーの一家が生活環境を共にしていた数世代にわたるアメリカオオコノハズクの家族と親密な関係を築きながら過ごした時期の個人史を記した章である。その次の章「フクロウのこと」では、フクロウの体の仕組みや、さまざまな生息環境にどう適応しているかといったことを理解するための基本的な事実を紹介している。第三章では、人類の文化におけるフクロウの扱いに言及している。残る三つの章では、北米に生息する十九種すべてについて詳細に描写されている。この構成の妙は、包括的である点や、わたしたちがいかにフクロウについてあらゆる側面から眺めることを怠ってきたかが分かるという点にとどまらず、従来とは異なる視点を与えてくれるところにある。第一章はきわめて個人的な物語であり、読む者をテーマの奥深いところまで連れていってくれるだけでなく、作者の心の奥深くまで導いてくれる。その点では彼のこれまでのどの著作もなしえなかった境地に達している。続く前半の章では、事実を客観的に述べることに多くが費やされている。フクロウの生態に関する全般的な記述は、見事なまでのバランスである。どの種のフクロウもトニーの個人的な体験を踏まえて紹介され、さらにその種に固有の特性と生態に関する十分な調査結果と最新の情報により肉付けされている。こうした解説が実に魅力的である。個人的な体験と事実の配分の巧みさゆえに、えも言われぬ楽しい読み物となっているのだ。

この『フクロウの家』に喝采を送るであろう読者のタイプとしてもうひとつ挙げられるのは、実はわたしもそこに属する一人なのだが、トニー・エンジェルのファンである。品があって、誠実で、堂々とした彼はいつも笑顔で、類いまれな知性の持ち主だ。数十年前に初めて会ったときのことは強く印象に残っているが、その思いは増すばかりである。彼の著作はすべて刊行を心待ちにしてきた。期待外れに終わったものは一冊もない。ただ、勝手なことを言わせてもらうとすれば、彼の個性をもっと出してもいいんじゃないかということはつねに感じていた。書物という枠組が許す範囲は限られているのかもしれないが、彼の個人的な見解、選んだテーマに対する詩的な叙情といったものを、もっと出してもらいたいと思っていたのだ。それがこの『フクロウの家』では叶えられている。しかも、それで事実に基づく根拠が揺らぐということがまったくない。トニーと同じく素晴らしい芸術家であり科学者でもあるナボコフが、「科学的知識の山腹が、芸術的想像力という反対側の山腹と出会う高い尾根は存在しないのでしょうか」と問われて答えたように、芸術と科学が互いに補強し合っている。『フクロウの家』の読者は、自分たちがそこに辿り着いていることに気づくはずだ。

芸術的想像力の話題が出たところで、トニーが自身の作品の中でおそらく最も気に入っていると思われる側面について最後に触れてみたい。グラフィック・アートである。素材が石であれブロンズであれ他の何であれ、トニーは鳥類や哺乳類をテーマにした一流の彫刻家として高く評価されている。北米の太平洋岸北西地区やその他の地で、彼の手になるカワウソやウミスズメ、その他の動物を公共の場で見かけるが、わたしはそれらの作品から長らく刺激を受けてきた。しかし彼の場合はそれだけにとどまらず、二次元の世界でも才能を存分に発揮している。トニーを支持する者の多くが彼の本を購入するのは、その科学的・文学的内容のためだけでなく、場合によってはそれ以上に、挿画が目的なのである。『フクロウの家』も、双方が見事な配分で備わっている。想像しうるかぎりのあらゆる姿勢、動作、態度の瞬間を捉えた実に見事なフクロウの挿画が、啓蒙的な文章の合間に百点近くある。トニーいわく、こうした挿画は「個人的な解釈であり……直接的かつ親密な観察に基づいたもの」ということだ。当然、彼もナボコフの言う高い尾根を重視しており、まさにそこを目指している。「フクロウを観察するだけでなく、フクロウについてどのような感情を持ちうるかということをお伝え」するため、「フクロウを観察したいと思っている人とフクロウそのものの間に橋を架けられる」本にすることが彼の狙いなのだ。さらに彼は、この手法を通じて、「フクロウを観察する者が、フクロウから学び、フクロウの世話をする者にもなるよう」読者に訴えかけたいと願っている。わたしはそうなるだろうと思っている。トニー・エンジェルの作品を愛する者は、この新作を大いに喜ぶはずだ。フクロウほど印象的な顔を持つ鳥は他にない。トニーはそれを人並み外れた表現力と優雅さで捉え、真のカリスマ性、感情、そして個性の広がりといったものをわたしたちに提示してくれる。

わたしは昔からずっとフクロウが好きだった。フクロウのフーティーと出会って以来、長い年月が経ち、長い道のりを歩いてきた。そして今、ようやくこの情熱を十分に満たすことのできる場所を見つけたような気がしている。もちろん一番の場所は、夜になって外に出て、フクロウたちに囲まれることである。しかしそれができないとき、あるいはそれをしてきた後、暖炉のそばで、フクロウについてもっと知りたいと思うとき、文章や挿画による素晴らしい描写によってフクロウを追体験したいとき、あるいは次の野外調査の計画を立てるとき——これらはすべて旧友であるトニーと一緒のときだが——そんなときには『フクロウの家』を手に取って、その世界に足を踏み入れたいと思う。

はじめに

この数十年の間に、フクロウをテーマにした書物は数多く刊行されてきました。これにはそれなりの理由があります。フクロウはテーマとして魅力的なのです。本書が他のそうした類書と決定的に異なるのは、個人的な体験談と、北米に生息する多くの種と身近に暮らしてきた中で制作した絵をふんだんに収録している点です。

長年にわたって自宅や庭にたくさんのフクロウが棲みつくという機会に恵まれたおかげで、情報を入手し、科学的かつ情緒的な体験をすることができました。そんなわけで本書は、わたしたち家族が長年にわたってさまざまなフクロウと出会った経験——わたしたちが観察したこと、こうした出会いの結果としてわたしたちが感じたこと、わたしたちがフクロウから学んだこと——の記録です。

フクロウは、肉食鳥としての生活を送るにふさわしい進化を見事に遂げてきました。場所に関する記憶力に優れ、ほとんど真っ暗な中でも木々の枝をすり抜けるように巧みに飛翔します。探求的で、情熱的で、攻撃的で、欺瞞的、そしてときにきわめて勇敢な生き物です。喜びや恐怖を感じ、ひとたび雌雄の関係を築けば離れることがありません。わたしたち人類が生態系に爪痕を残し、この惑星をこれ以上汚染することになれば、その変化の影響をまともに被るのがフクロウです。ここに掲載した絵や体験談はすべて、たくさんの種のフクロウとじかに触れ合った体験を基にしたものですが、フクロウが直面する環境条件という文脈でフクロウのことを考えて初めて、こうした体験が真に意味を持つことになるのです。

まずは、わたしたち家族がニシアメリカオオコノハズクと親密に過ごした約四半世紀について詳しくお話しします。この特異な体験を、ニシアメリカオオコノハズクの一生における丸々一年間の記録として紹介し、わたしが彼らに対して育んだ敬意と愛着について検証します。続いて、フクロウは他の鳥とどう違うのかという点について考えてみたいと思います。フクロウの珍しい特徴についても触れます。フクロウが人類に大きな影響を及ぼしてきたということを伝えるために、フクロウにスポットを当てた文化史の一端、そしてわたしの人生においてフクロウがなぜここまで芸術的関心の的となってきたかに関しても簡単に紹介します。後半の章では、人類と共生する存在という観点から北米に生息するフクロウ、生息環境が少なからず特殊なフクロウ、そして基本的に僻地の荒野に生息するフクロウを、注釈つきで観察しています。

わたしは本書が、フクロウを観察したいと思っている人とフクロウそのものの間に橋を架けられるようにと願っています。フクロウを観察するだけでなく、フクロウについてどのような感情を持ちうるかということをお伝えしたいと思っているからです。わたしたちと自然との出会いは、しばしば打ち切られて短期間で終わることが多く、確かにそこにあるものに対して思慮深い手段を取るというよりは、一瞥するにとどまる傾向にあります。本書に収めた体験談は、フクロウを観察する人たちにも、フクロウから学び、フクロウの世話をする者となるお手伝いをさせてもらえるものと思います。

挿画に関しては、個人的な解釈であり、おおむね直接的かつ親密な観察に基づいています。フクロウと共に過ごしたわたしの時間や経験は異色ではありますが、鳥類に関してどのように書けばいいか、また描写すればいいか、参考にしていただければと思います。根気と努力を持ち合わせていれば、紙とペンを用意して、フクロウについて目にしたことや耳にしたことに関して感じたことを記録し、目撃したものを言葉だけでは表現しきれない場合にはスケッチもしたくなるでしょう。野外調査での日々を記録している人であれば、わたしの経験をまとめた本書をどうぞ参考になさってください。わたし自身、メモや簡単なスケッチを見て振り返りながら、フクロウとの経験がこれほど強烈に記憶に残っていたことは驚きでした。わたしたちの記憶の中で、フクロウは大きな位置を占めているのです。

わたしが取ってきた手法は、この素晴らしい鳥に対する芸術家兼博物学者としての反応を重視するというものです。個人的なトーンには、フクロウに対するわたしの大いなる驚嘆の念が反映されています。親密に触れ合った時間と持てるかぎりの科学的知識を組み合わせることで、読者の方々がフクロウと触れ合う体験が広がります。その結果として、わたしたちの環境条件やその将来に関する決定が、フクロウの幸せを考慮することなく下されないことを願っています。

鳥類というものは、わたしたちの心の中でつねに独特の位置を占めています。フクロウは特にそうです。鳥が空を飛ぶ能力はいつでもわたしたちに畏敬の念を呼び起こしますが、フクロウは基本的にわたしたちが活動的でない時間帯、わたしたちがあまりよく知らない時間帯に動き出します。夜にフクロウが存在するおかげで、わたしたちもその一部である夜の生態系の全容に目を配り、耳を傾け、頭を働かせることができます。そうすることで、個人的な関わりから得られた大きな恩恵に、手応え、それらに関する知識、創造性を発揮する機会、といったものが与えられるのです。

謝辞

北米で見られるフクロウを整理し、オンライン図鑑「北米に生息する鳥類」にまとめてくださった献身的で博識な科学者の皆さまに深く感謝いたします。彼らの提供による情報が、本書に収められた十九種のフクロウの生活史に関する概要の基盤となっています。前述のウェブサイト（https://birdsna.org/Species-Account/bna/home）を参照してください。このウェブサイトで公開されている北米に生息するフクロウの分布図を作成されたコーネル大学鳥類学研究所のアラン・プール氏は、この貴重な資料の使用を快く許可してくださいました。

科学者仲間からの協力の中でも、特にリチャード・カニングとフレッド・ゲールバック両教授は、お二方ともフクロウ学の専門家であり、依頼した情報を必ず提供してくださるなど、奮闘するわたしを支えてくださいました。フランク・リチャードソンとシーベルト・ロワー両博士にもお世話になりました。お二人はワシントン大学にあるバーク自然史文化博物館所蔵のフクロウに関する豊富な情報の使用を、早い段階で許可してくださいました。

レス・パーハクス、トム・ジェイ、ジェフ・「レッド・ラスカル」・デイ、グレッチェン・ダイバー、トマス・クイン、フェン・ランズダウン、ドン・エッケルベリー、イヴァン・ドイグ、バート・ベンダー、マーティ・ヒル、ケヴィン・シェファー、マイク・ハミルトン、ポール・バニック――みな、各分野で活躍中のアーティストであり、友人です。いつどこでということではなく刺激を受け、本書の執筆を続けるにあたって不可欠な熱意と支援を与えてくれました。ありがとうございます。

ポール・エーリック博士と妻のアンは、その研究および出版活動により、自然の複雑さとその中でのわたしたちの位置を理解することの重要性を大いに高めた科学者です。ご夫妻にも厚く御礼申し上げます。お二人の情熱、見識、そして長年にわたる友情は、つねにわたしにとって刺激となっています。

芸術家で写真家のメアリー・ランドレットとの深い友情と交流は、特に意義深く感じています。四十年以上にわたって、彼女がわたしの仕事を信頼し、記録に残してくれていることは、わたしの創作活動を継続していくうえで欠かせません。

リキ・オット博士、イスブランド・ブロワーズ、デイヴィッド・ベネット、デイヴィッド・バーカー、アンディ・ハスレンは、わたしが野外に出てコッパー川の畔で過ごしたときにお世話になった科学者であり芸術家の方々です。彼らの知識や技術のおかげで、充実した日々となったことに感謝します。

写真家で技術者のグレッグ・クログスタッドは、わたしの友人です。きちんと整理して編集しなければならなかった膨大な量の絵の処理を手伝ってくれました。どうもありがとう！

編集を担当してくれたイェール大学出版局のジーン・E・トムソン・ブラックは、フクロウをテーマにした書籍がすでにこれだけ数多く存在する中、それでも本書を刊行する意味があると信じ、わたしが本書の構成と目的を明確にする際に辛抱強く手伝ってくださいました。心から感謝いたします。

トニー・カヴァロクには、彼の体験談を本書に収録させていただきました。ノエル・エンジェルは、フクロウとの共同生活を始める際に欠かせなかった忍耐力と冒険心を当初より発揮してくれました。二人にも感謝しています。

ギリア、ブライオニー、ガヴィア、ラルカ。わたしの子供たちです。フクロウがわたしの物語の中心を占めている長い年月を通じて、きみたちが心からの関心を示し、手助けし、関わってくれたことをとてもありがたく思っています。母のフローレンス・エンジェルにも感謝します。子供の頃から外をほっつき歩いてはいろんなものを拾って帰ってきてもそれを認めてくれたおかげで、芸術家として、そして博物学者として主張を試みていることの基礎を築くことができました。

そして何よりも、誰よりも、妻のリーには感謝しなければなりません。編集者にも負けない鋭い目で、わたしが情報とテクノロジーの大海原を航海する手助けをしてくれたおかげで、思考と観察と芸術の集大成である本書をまとめることができました。この船は、リーの情熱と力量と献身がなければ目的地に到着することはなかったでしょう。

マグノリアの木にとまるニシアメリカオオコノハズクのつがい。雛たちが巣離れする時期になると、巣箱の向かいに茂る樹葉の下にいつもとまっていた。

第1章　フクロウの家

一九六九年、夏の終わり。わたしたち夫婦はワシントン州シアトル北部に引っ越し、初めての我が家を持った。都心から離れた古い家で、かつてはワシントン湖を航行するフェリーの北部発着場があったところだ。人々の生活圏から離れていたため、近くを流れる二本の小川は自然のまま保たれ、毎年秋になると、どちらの川にも鮭が遡上してきた。アメリカササゴイやオオアオサギ、それにカワセミが魚を狙い、土手にはオナガオコジョやミンク、カワウソ、コヨーテの足跡が見つかることもあった。オアシスのような場所だった。今でもこうした自然の断片のいくつかは、手つかずのまま残っている。

年内には新しい生活にも慣れ、古い森に残る朽ちた大枝や立ち枯れの大木が、厳しい冬の嵐によって払い落とされ、なぎ倒されることを知った。強い嵐に見舞われたときには、ヒマラヤスギやアメリカツガ、モミの木の大きな枝の間を風が吹き抜けていく唸りのような音を初めて耳にした。枯れ木は裂け、幹から折れた。この嵐で、立ち枯れていた古い大木が根こそぎ揺さぶられて林床に倒れ、地面が大きく揺れた。

その晩、わたしは全身でその感触を味わうため、ポーチを出て、ほんの三十メートルほど離れたところを流れる雨で増水した小川に向かった。怒濤の風が吹き下ろし、合間には息継ぎでもするかのように、束の間、吹き止む。そうした合間に、何かが聞こえた。聞き覚えはあるのに何の音だか分からない、そういう類の音だった。わたしは耳に手を当て、また荒れ狂ったように木々の間を吹き抜ける風の唸りの中で耳を澄ませた。しかし耳をつんざく周囲の音にかき消されて、何も聞こえなかった。比較的静かな時間が訪れ、あの音がふたたび聞こえてきた。やわらかくて優しい音が、ひっきりなしに聞こえてくる。夜が猛威を振るう中、ニシアメリカオオコノハズクが縄張りを主張して鳴いていたのだ。二十年以上前、子供の頃に聞いたのと同じ鳴き声だ。この辺りに巣があるのだろう。

嵐が過ぎた次の日の朝、わたしは期待に胸を躍らせながら、昨夜のフクロウの巣を探しに森に入っていった。探検はあっという間に終わった。立ち枯れていたアメリカツガが昨夜の風で倒れていて、上のほうの割れたところにハシボソキツツキの開けた穴があり、そこがぱっくりと裂けていた。壊れた巣の中に、ニシアメリカオオコノハズクの胸の羽根が何枚か残されていた。昨夜、健気にもあのフクロウが必死に守ろうとしていた巣のひとつがここだったに違いない。この中にはすでに雌もいたはずだ。この貴重な森林地帯の一角が、フクロウにとってはもはや無意味な場所となってしまったのだ。

まだ十二月だったこともあり、我が家の近くで繁殖してくれたらと思って、巣箱を取りつけることにした。さっそく製作に取りかかり、ヒマラヤスギの柵板とリンゴ箱を使って大急ぎで作った。長すぎたり寸足らずなところは、大量の端材と釘を使って補った。他人に見せられるようなものではなかったが、すぐにこれを木の高いところに取りつければ、木そのものが倒れないかぎり、嵐が来ても大丈夫だ。ひとつ気を遣ったのは、傾斜させた屋根の下、箱の正面上部に開けた入口の穴の大きさだ。直径七・五センチに設定した。フクロウは自分の体にちょうど合う入口を好むということを知っていたので、ハシボソキツツキの巣の入口の大きさを参考にしたのだ。

ハシボソキツツキのつがい。ハシボソキツツキが巣として利用していた洞を放棄すると、そこはニシアメリカオオコノハズクにとって、卵を産み雛を育てる場所として、きわめて重要なものとなる。

巣箱のサイズは高さ四十センチで、下から三十センチと少しのところに入口を設けた。幅と奥行きはいずれも三十センチ。中に木の削り屑を敷き詰めて、快適に卵を抱けるようにした。約七キロの重さの巣箱を六メートルほどの高さまで引き上げ、我が家の寝室の窓の外に立つヒマラヤスギの太い幹にしっかりと固定した。南東を向くように取りつけて、「憩いの家」と彫った。あとはフクロウがここに入居してくれるかどうか、気長に待つだけだ。

一月。年が明けた。巣箱を取りつけて二週間が経った。毎晩のように、森のあちこちから湧き立つようなフクロウの鳴き声が断片的に聞こえてくる。このフクロウたちは渡りをしないので、一年を通してそれぞれの縄張り内にいる。ということは、つねに見回りをし

鳴き声を上げるニシアメリカオオコノハズクの一連の様子。新年に入ると、雄はさっそく自らの縄張りを主張し始める。目立つ枝にとまって姿勢を正し、喉元を大きく膨らませ、体を前に突き出すようにして、特有の鳴き声を発する。それから素早く辺りを見回し、反応を求めて耳を澄ませる。この一連の動作は、夜通し何百回となく繰り返される。

ては縄張りの警護をしているのだろう。この行動は一か月続いた。二月に入ってようやく、「憩いの家」は営巣地として認めても問題ないと判断されたようだ。

二月。曇りの日は、夕方の四時にもなると辺りはすっかり暗くなって、小川沿いをちょっと散歩でもと思って外に出ると、明らかに速いテンポで鳴くフクロウの声の洪水の中に迷い込むことになる。加速した雄の鳴き声は、巣ができたということ、見てもらいたい巣がここにあるということを、意を決して宣言しているかのようだ。「ホー、ホー、ホー、ホー、ホー、ホーホーホーホーホーホー……」とリズミカルな鳴き声が途切れることなく続く。その歌はさらにテンポを上げ、よく言われる喩えにあるように、まさに「ボールが弾むような」鳴き方だった。ホーホーと鳴く間隔も徐々に短くなり、やがて朗々とした連続音として聞こえるようになった。

フクロウは簡単に見つかった。我が家のポーチからほんの数歩離れたところで、巣箱の屋根にとまっていたのだ。その下の小道に立ち止まると、背筋を伸ばしてぴんと立ったフクロウは明るく白い喉元を膨らませ、それまでの控えめな様子を一変させて、何やら誇示するような動きを見せた。体をぐいと前に突き出して、暗くなりつつある森の奥まで声よ届けとばかりに鳴いている。短い鳴き声を何度も繰り返し、そのたびに異なる方角を向いて、数秒の間、鳴くのをやめてひと息入れているのはおそらく返事に耳を澄ませているのだろう。フクロウがわたしのいるほうを向いたとき、膨らませた喉元の白い羽毛に光が当たり、演者がスポットライトを浴びているかのように見えた。「ここだよ」と主張しているのだ。「こっちだよ！」と。我が家でお祝いをする大義ができた。どうやら新しい隣人一家が引っ越してくるようなのだ。

重く湿った雪が落ちてきていたが、寒気や折れた枝がフクロウに何か影響を与えることはなさそうだった。日の光が弱まると、フクロウは活動を開始する。鳴き声が激しさと頻度を増す。ある日の午前二時、寝室の窓を大きく開け放ったまま眠っていたわたしは、フクロウの鳴き声に目を覚ました。ボールが弾むような鳴き声は止むことがない。数分後、わたしは一連の鳴き声を数えることにした。二時間のうちに、一分に八回のペースで千回に近い鳴き声を数えた。実際、これはほんの始まりにすぎなかった。というのも、フクロウは朝を迎えるまでそのまま夜通し鳴き続けていたのだ。

フクロウの精力的な求愛活動に対しては、畏敬の念を抱かざるをえない。もちろんその先には、雌と雛に十分な餌を持ってこられる相手であると将来のパートナーに納得させるという大きな試練が待ち受けている。雌は雛を育てる場所として「憩いの家」を受け入れてくれるのかどうか。決定権を持っているのは雌である。どうしても人間の恋愛における展開と比べてしまう。一か月近くにわたるフクロウの努力は、果たして報いられるのだろうか。

二日後の晩、ポーチに腰を下ろしていると、頭上で鳴いているフクロウへの返事が聞こえてきた。低い鳴き声は優しく響き、それでいてやはりボールが弾むような鳴き方だった。二羽のフクロウは夜を徹して鳴いたり鳴き返したり、巣箱の周辺で繰り返していた。最終的に二羽の鳴き声は、その間隔を狭めてデュエットとなっていった。

三月。三月の中旬になる頃には、巣箱は雌に受け入れられ、二羽のフクロウは縄張りの境界で見張りを行なっていた。求愛の鳴き声に代わって、ときおり吠えるような鳴き声を発している。鳴き声は我が家の庭を超えて、敷地に並行して走る道路に向けられていた。道路の反対側からは、別のつがいのフクロウによる同じく精力的な鳴き声が聞こえてくる。敷地の境界線を巡って隣人と争う人間を思わせる境界論争のようだった。一方で、わたしが設置した巣箱は人気が高いようで、一組以上のつがいがその使用権をめぐって争っていた。二晩目以降は、争っているような激しい鳴き声が聞こえることはなかった。

羽づくろいをするニシアメリカオオコノハズク。つがいのフクロウが絆を深める過程において、互いの羽をつくろう行為は重要な要素である。

ある日の遅い午後、わたしが見ている目の前で、雄のフクロウがイエネズミをくわえて巣箱の上に降り立ち、中に入っていった。ふたたび姿を見せたときには獲物は一緒ではなかった。巣箱の中にはすでに雌がいて、雄はハンターとして、そして餌の供給者としての能力をいっそう誇示するため、ネズミは雌に残してきたのだろう。互いに羽づくろいをする光景はわたしもよく目にしたが、それと同じで、こうした贈り物もニシアメリカオオコノハズクの求愛行動の一環として不可欠なのだ。

互いに羽づくろいを始めると、たいていはその後に交尾が行なわれる。二羽は止まり木の上を移動して近づき、雌が前傾姿勢を取って首筋を雄のほうに向ける。雄は目を閉じたまま反応し、相手の柔らかい羽毛に鼻をすり寄せる。

雄による羽づくろいが終わると、雌は止まり木の上にうつ伏せになる。雄は羽ばたきながら雌に乗りかかり、雌の首筋を押さえて体を安定させ、翼をバタバタと動かす。交尾はほんの数秒で終わる。交尾には単なる儀式以上の意味があり、一晩に何度か行なわれる。

四月。マグノリアの木の芽が今にもほころびそうで、「憩いの家」がちょうど見えなくなってしまった。フクロウは木の洞に直接飛び込んでいくこともできるのだが、近くの木に茂る葉が、春が進むにつれて厳しくなる直射日光を遮る影を作っている。四月の第二週で、遠くのほうから雄の鳴き声だけがときおり聞こえてきていた。森の奥深くで見えない何かに抗議して吠えているような鳴き声だった。雄は見張りをしていたのだ。雌が巣箱の中で産卵を迎えていた。

わたしは巣箱のところまで登り、雌が抱卵していることを確認した。できるだけ邪魔しないように気をつけながら、箱の中に手を入れてみた。穴が小さくて手首までしか入らなかった。それでも深く突っ込みすぎたようで、雌は歯をカチカチと鳴らすように嘴を動かして威嚇してきた。難攻不落というほどではないが、この巣箱はアライグマやオポッサムが奥まで侵入してくることを許さない砦だった。卵の様子を調べてみたい誘惑にかられたが、これ以上調査を進めたら巣箱を放棄させてしまった可能性も大いにあるし、将来ここでの巣づくりを断念していたかもしれない。

森の天蓋は目に見えて分厚くなっていた。とりわけ背の高いアメリカマツの梢からは、ツグミ科のさまざまな鳥が熱心にさえずっている。スズメ目の中ではコマツグミがいの一番に夜明けのコーラスを始めていた。もうすぐフクロウの家族が増えると知って、わたしの娘たちも興奮していた。わたしたちが見守るなか、雄のフクロウが夜ごと何度か巣箱にやってきて、卵を抱いている雌に餌を持ってきた。ネズミ、ザリガニ、群れから離れた鳴き鳥……すべてお腹を空かせたパートナーのために運んでくるのだ。

夜になると静まり返り、近くにいるコヨーテの甲高い鳴き声が聞こえるばかりだ。卵が孵化するまでの間、そして孵化後もまだ自分で自分の身を守ることのできない雛たちが成長過程にある間は、フクロウたちが目立たないように生活するのはもっともなことだとわたしは自分に言い聞かせた。分娩室の外で今か今かと歩き回っている父親にでもなった気分だった。近くのアメリカマツの節に見慣れた姿を認めると、もっとよく見ようと巣箱まで登っていきたくなる。雄は昼間の止まり木を以前よりも巣箱に近いところに変更し、見張りを続けている。雄がそこにいることで、中にいる雌が大丈夫だということ、雛が孵るのはもうすぐだということを確信した。

ある朝、カンムリカケスに起こされた。特に毛嫌いしている肉食鳥、その中でもフクロウに遭遇したときのためにとってあるはずの独特の鳴き声だ。外に出ると数羽のカンムリカケスがいた。その位置から三角法を用いて、止まり木の上で目立たないようにしている雄の位置を突き止めた。カンムリカケスは半時間近くもうるさく鳴いていたが、やがて去っていった。午後になって確かめたときも、雄は朝と同じところにまだいた。隠れているところから飛び立とうとしないところを見ると、よっぽどこの場所が大事なのだろう。巣箱の様子を直接見ることのできる位置なのだ。

雌は今では請い願うような穏やかで微かな鳴き声で、四六時中、雄に訴えかけている。雄からの返事がなければ雌の鳴き声はだんだん大きくなり、さらに頻繁になる。わたしが見ていると、雄は返事をする代わりに直接巣箱の上に移動し、マグノリアの枝にとまった。しかし狩りをする気配はない。鳴き続ける雌の声は、偶然にも、雄に群がり始めた小鳥たちの鳴き声に対する警告となっていた。

群がられても、この雄も雌も、自分たちより小さな鳥に対して注意を払うことはほとんどない。アメリカコガラやクリイロコガラが先頭に立って繰り返し攻撃していく間も、二羽は木を背にして、眠っているふりをしていた。ヤブガラの群れは一番高い枝にとまって、か細くも甲高い鳴き声を発している。フクロウがどこにいるか分かっていないのか、まるで違う方向を見ている鳥もいた。それでも怒ったように鳴きわめいて

カンムリカケスに攻撃される雄のニシアメリカオオコノハズク。カンムリカケスは止まり木にいる雄のニシアメリカオオコノハズクを見つけると、天敵である肉食鳥に遭遇したときのためにとってある叱責するような調子と激しさで鳴きわめき、鳥類仲間全体に、フクロウの存在に対する注意を喚起する。

雄のニシアメリカオオコノハズクに群がる小鳥たち。雌が巣箱の中にいるので、雄は巣の近くの比較的開けたところに止まり木を見つけてとまるが、その周辺の小鳥たちがやってきて困らせようとする。

いる。こうしたモビングは、森に棲むこれらの種の鳥たちにとって重要な役割を果たしている。フクロウに遭遇した経験の少ない、もしくはまったくない小鳥たちに対して、フクロウが肉食鳥であることを知らしめることになるのだ。群れている小鳥たちの雄の中には、フクロウに立ち向かっていくことで自らの勇気を示そうとしているものもいるのではないかとわたしは睨んでいる。このときは、騒々しく鳴きわめいてもフクロウを立ち退かせるには至らなかったが、雄のいるところと巣の場所を突き止めることはできたわけだ。こうした出来事は小鳥たちにとって強い印象となって残り、避けるべき場所として覚えておくことにつながる。

五月初め。五月の第一週、雌が突如として巣箱の入口に姿を見せた。前回、雌の姿を見てから三週間以上が経っていた。卵が孵ったのだろう。わたしに気づいても雌はそこから動こうとしなかった。羽毛を膨らませた体で暗い巣の入口は塞がっている。雌が目を閉じて二本の細い線のようになると、同じような色をした木製の巣箱や周囲の樹皮に溶け込んで、ほとんど見分けがつかなくなった。数日後、ちゃんと餌をとってきてねと請うように鳴く雌の声に続いて、甲高くて優しいさえずりを聞いた。巣の中の雛たちの声だ。わたしの娘たちも家から出てきてその鳴き声に耳を傾けていた。そこに雄がやってきた。頭上に、ぼんやりとした影となって現われた雄は、家族のために餌をくわえている。わたしたちは「いいぞ！」と小さく叫んで喜んだ。

五月も半ばになる頃には、雄はほぼ一時間ごとのペースで夜通し巣箱に餌を運び続けていた。この時期、雄は巣箱の四方すべてに止まり木を用意して、日中はときどき場所を移動していた。同じところにいることは滅多になかったが、つねに雛から半径七〜八メートルの範囲内にとどまっていた。

わたしたちの森における家族の一員としてのニシアメリカオオコノハズクの出現を記録することで、わたしたちエンジェル家全員の心に、フクロウの生活を案じる気持ちが少しずつ育まれていった。娘たちは毎日学校から帰宅すると、フクロウはどんな様子だったかと訊ね、巣箱を覗き込んでいた。友達が遊びに来ると巣箱にいるフクロウに紹介し、生態や習慣を簡単に教えてやっていた。わたしたち家族の幸せはフクロウ次第というところが多分にあり、この辺りに残る野生のコミュニティがどう機能しているかに対するわたしたちの理解は、フクロウの存在が基準となっていた。経験によって、利他的な行動に対する理解力が育まれていたことは間違いない。

雛が巣離れする数週間前まで、餌を運んでくるのは雄だけだ。雄の身に何か起きたら家族全員が飢えてしまうんじゃないかと心配した。自分の想像力がときどき手に負えなくなって、そういう災難が起きたときのために、わなを仕掛けてネズミを捕まえようかとか、ネズミをたくさん飼育しようかと考えてしまうほどだ

雄に体当たりして飛び立たせようとする雌のニシアメリカオオコノハズク。抱卵中の雌はあまりにお腹が空いてくると、洞の中から勢いよく飛び出して雄に体当たりして止まり木から突き飛ばし、餌を取りに行くよう唆すことがある。

った。その年は車に轢かれて死んだフクロウを何羽も見たため、フクロウの死亡率について考えた。そうした不慮の死を遂げる割合は、成鳥に比べて雛のほうがはるかに高い。いずれにしても、わたしは毎朝止まり木の上に雄を探し、雄が確かに見張りについていて、夜には餌を探す準備ができていることを確認するようになっていた。

ある日、昼を過ぎて間もない頃、家の中にいても聞こえるほど、巣箱の中の雛と雌の鳴き声が大きくなったことがあった。外に出てみると、ちょうど雌が巣箱から飛び出してくるところだった。せわしなく羽ばたきながら、止まり木の上の雄に近づ

巣箱の前面に出てきて居眠りをする雌のニシアメリカオオコノハズク。成長過程にある雛たちと、春の気温の上昇で巣箱の中が暖まってしまうため、入口から身を乗り出し、頭を止まり木に載せて眠っている。

いていく。雄はぴくりとも動かず、雌の要求には無関心のようだった。実際、雄は眠っているふりをしているようにも見えた。雌も雄のこうした無関心な態度を意に介することなく、さらに近づくと、激しく胸でぶつかっていった。バランスを崩した雄はまっすぐ立ち直り、目を大きく見開いた。雌がもう一度体当たりをすると、そのあまりの激しさに雄は枝から落ちてそのまま飛んで森に消えていった。日没までまだ数時間あったが、雄は夜の狩りを始めることになったのだ。

五月最後の週。孵化が始まってから三週間が経った。鳴き声で少なくとも二羽いることが分かった。実に暖かな昼時に、雌は巣箱の入口に陣取って、見るからに息苦しそうだ。巣箱の中が不快なほど暑くなっているに違いない。見ていると、雌はなおも入口の下の部分にしっかりと摑まって、その下にある巣箱の止まり木の上に倒れ込むように頭を載せている。まったく動かず、そこでまどろむ様子はまるで巨大な灰色のバナナナメクジのようだ。巣箱の中のじめじめとした不快さから何としてでも逃れたいのだろう。

雌が巣箱の外で過ごす時間が徐々に長くなっていた。中の温度を上げる直射日光を体で遮っているようなときもあった。巣箱の前面に設置された止まり木の上に雌の姿を認めれば、好奇心旺盛なトウブハイイロリスもそれ以上は近寄ってこない。同様に、入口を自分の体で塞いでおけば、卵を産みつける蠅も嚙みついてくる昆虫も巣箱の中に入ってくることができない。

フクロウの一家は、わたしたちの庭仕事を容認してくれていた。生い茂った芝を娘たちが刈って回っていても、フクロウたちはほとんど気にする様子を見せなかった。我が家で飼っているシベリアンハスキーのクインは元気いっぱいで喧しいのだが、この犬のことも脅威とは見なしていないようだった。

雛たちが勝手気ままに成長を続ける中、雄も雌も狩りに出ていくようになった。夕方の早い段階で、雄と雌が一時間に二、三回のペースで、嘴いっぱいにオオアリをくわえて運んでくる。こんなに気前よく餌となってくれる蟻の巣が近くにあるに違いない。これほどの頻度ではないが、もっと大きな餌も雄と雌が巣箱まで運んでくる。巣箱から出ていく際に、部分的に食べた後の残骸やペレットを運び出し、少し離れたところに落とすことがあった。食べ残しが巣の近くに蓄積されていくと、お腹を空かせたアライグマやオポッサムを引き寄せてしまうことになるからだ。

とても暑いある日の午後、胸をびしょ濡れにした雄が巣箱にやってきた。そうやって巣箱の中に入って、雛たちに水を浴びせかけて熱を追い払ってやっていたのだろう。

六月。雄と雌が巣箱の外にとまるようになった。雌が鳴いて餌を要求することもなくなり、フクロウたちは頭上に広がるマグノリアの天蓋に落ち着いている。わたしの机からは、透き通るような緑を背景に、その

雄も雌も戦略的に止まり木を選ぶ。雛たちが成長過程にある間、雌は巣箱を出て、雄と一緒に巣箱の両側にとまっている。

ぼんやりとした輪郭が見て取れる。止まり木の位置は行き当たりばったりではなく、考えがあってのことだ。というのも、雄も雌もそれぞれ両側から巣箱のほうを向くようにとまっている。そこからなら外敵が現われても目視できる。

　この時期は午後が長く、わたしは彼らが見張りの場所を変えていないかどうか、定期的に様子を見ていた。近くの森で鳴いていたオリーブチャツグミを追い詰める雄のフクロウを観察したのもこの頃のことだ。ツグミのさえずりを聞いて、それまで止まり木の上で無関心だったフクロウが突然さっと羽ばたき、鳴き声のしたほうに向かって飛んでいったのだ。一分ほどして戻ってきたフクロウは、片方の足にツグミを捕まえていて、そのまま巣箱の中に

獲物に襲いかかるフクロウの一連の様子。地上付近に獲物を見つけたフクロウは急降下し、何度か羽ばたいて加速すると、獲物にぶつかる直前でブレーキをかけ、足を延ばし、鉤爪のある指で獲物を捕まえる。

入っていった。

さらに日が長くなると、夕方のまだ早い時間からフクロウたちが狩りを始めるため、フクロウの後を追う機会が持てた。まずは雄が、重なり合う枝が作るトンネルに突入し、小川のほとりに抜け出た。曲がりくねった抜け道を熟知した運転手のように、雄はかなりの高速で飛翔し、行く手に現われる枝をあらかじめ予測して、ぶつからないように右へ左へと軽々とかわす。たいていの場合、わたしがフクロウを見つけるのは川べりの土手にやってきて砂の中を探っている最初の数分間のことだった。そこはザリガニがたくさん見つかる場所なのだ。なかなか見つからない場合、すぐに飛び上がって次のスポットに移動する。ここも小川のほとりにあって、浅瀬で餌を探しているザ

ネズミに襲いかかるニシアメリカオオコノハズク。目いっぱい広げた大きな鉤爪のある足が、小さな齧歯類には太刀打ちできない肉食鳥としての成功を支えている。

リガニが見つかるところだ。慎重に距離を置いて後をつけるのだが、結局フクロウは近くの森の中に逃げ込んでしまい、下草となっているシラタマノキやヒイラギメギがあまりに鬱蒼としていて、わたしの足ではそれ以上ついていくことができなかった。

車と衝突して負傷したフクロウや命を落としたフクロウを道路脇から拾ってくると、比較的小型の種にしてはかなり大きな足をじっくりと観察することができる。対指足で、前を向いた指と後ろを向いた指がそれぞれ二本ずつある。この配列が好都合なのは、獲物を落とすことなくしっかりと摑むことができる点で、特に滑りやすい水生の獲物を捕まえるときに重要な役割を果たす。巣離れしたばかりの雛も、最初のうちは巣から出ようにもなかなか飛び立つことができず、力強い足を利用して止まり木に摑まったり、地面から高いところにある止まり木まで登ったりする。

一羽の成鳥が獲物を捕まえているところを目の当たりにしたとき、その技術について感覚的に理解できた。ニシアメリカオオコノハズクは、まずは音で獲物の存在に気づいているのだと思う。それから視界に捉え、とまっていた枝から飛び立ち、翼を大きく羽ばたいて加速する。獲物に襲いかかる直前、両足を体の前に突き出し、指を大きく開いて獲物を捕まえる。獲物が水生の場合、フクロウはまったく異なる方法を取る。浅瀬に入っていって、ザリガニをさらったりトビケラの幼虫を捕まえたりするのだ。足腰の強いフクロウは、浅瀬の川面に近いところで餌を取る小さなニジマスをさらうこともある。

ある朝、六月の第二週に入った頃、雛たちが卵から孵って二十八日目くらいだったと思う。羽毛で覆われた二つの顔が巣箱の入口に現われた。フクロウの雛たちが巣箱の中をよじ登って、その向こうに広がる世界を初めて見たのだ。好奇心旺盛なフクロウの雛たちにとって巣箱の入口は狭かったが、それでも二羽は押し合いへし合いしながら頭を左右に動かして、おそらく初めて見ているのであろう景色をより鮮明に記憶にとどめようとしていた。わたしはその下に立って、正面から眺める位置にいたのだが、二羽の目はわたしの姿に釘付けになっているようだった。わたしのほうこそ、二羽の姿に目が釘付けだった。わたしは自分たちが互いに関心を示しているということに心を打たれた。恐怖心など皆無で、まったく異なる二種の生物の純粋な関わり合いがそこにはあった。あの瞬間は、避けようとする傾向も本能も、互いを隔てるものは何もなく、ただ互いの様子を見て取ろうとする意思があるだけだった。

娘たちも出てきて、この穏やかな樹上の生き物との無垢な邂逅に加わった。わたしたちは二羽の小さなフクロウの活発さと美しさに見とれていた。あまりに元気のいい動きは思わず笑ってしまうほどだった。不思議な感じだった。三人とも、二羽のフクロウにもっと近づきたい、もっとよく知りたいという気持ちに心を震わせていた。しかしそれはしてはいけないことだ。たとえそういう誘惑に駆られたとしても、わたしたちを隔てる境界、フクロウを野生にとどめ、危険の潜む世界で自分たちの身を守る準備をさせる境界を尊重することが重要なのだ。

二羽の雛が初めて姿を見せてからの数日間、「憩いの家」の入口にはつねにどちらか、もしくは両方の雛が顔を覗かせていた。自分たちの頭上にある止まり木にとまる親を眺めていたり、飛んでいく昆虫を目で追いかけたり、喧しいカンムリカケスを睨んだりしていたかと思えば、安全な巣箱の中に引っ込んだりしている。下に広がる芝生の上にクインが寝そべっているときは、その様子も気になるようだ。雛たちにとっては、目に映る何もかもが新しい発見なのだ。雛たちは体も大きくなってきて、今では巣箱の入口から外を見渡せるのは一度に一羽だけだった。そうなると、中に残されたもう一羽としては大変なことになる。わたしが見ていたかぎりでも一度ならず、入口にとまっている一羽が、もう一羽によって巣箱の中からぐいと引き戻され、それから、次は自分の番だとばかりに中にいた一羽が外の様子を見るためによじ登って出てくることがあった。巣箱の外に広がる世界の魅力に抗えなくなってきたのだ。

いまや「憩いの家」は、いないたりさえずったり、ホーホーと鳴いたり吠え立てたりと、アンプに接続された電子キーボードでメドレーで演奏しているかのような音を出している。フクロウたちは、懇願したり異義を唱えたり、叱ったりするときのために語彙を増やしている最中なのだ。雛がいよいよ巣離れしようとする中で、フクロウの家族に緊張感が生まれていくのがわたしたち一家にも伝わってきた。

広い世界を初めて目にしてから一週間と少し経った頃、雛たちは「憩いの家」から外に出た。体も親の四分の三以上にまで大きくなって、飛ぶ準備はまだできていないものの、上手に羽を動かして跳ね上がり、近くのマグノリアの枝に這い登っていった。小さなフクロウの大きな足が役に立った。枝に飛び上がった際に掴んだところをそのままぎゅっと握りしめ、幅広の短い翼を羽ばたかせながら嘴も使い、よじ登ってそこに

巣箱の入口から外の世界を眺めるニシアメリカオオコノハズクの雛たち。巣箱の外に広がる世界を初めて見て、雛たちは動くものすべてが気になるようだ。

巣箱にいるニシアメリカオオコノハズクの雛に向かって鳴きわめくカンムリカケス。好奇心の強いフクロウの雛も、カンムリカケスの前では怯んでしまう。

とまった。

六月の半ば頃、わたしは朝起きると何をするよりもまず外に出て、巣箱の外で一緒に止まり木にとまっているフクロウの家族を観察した。それを三日続けた。丸々とした雄と雌、そして雛たちは互いに体を寄せ合って、頭上の群葉に紛れていた。一日の中で、親のどちらかがそこから飛び立ち、ザリガニを捕まえて戻ってくると、雛たちは餌が来たと騒ぎ立てる。親は獲物を解体し、軟骨性の尻尾の部分を雛に与える。一羽の雛がそれを貪るように食べ、もう一羽が少しは自分もと摑もうとするが分けてもらえない。次の日の朝、木の根元にペレットが落ちていた。消化できなかった甲殻の一部が含まれていた。吐き戻したことによる粘液で、まだぬめぬめとして滑らかだった。ペレットを割ると、中から出てきたのは、組み立て式のプラスチック製の小さなおもちゃのように見事に全部がそろった、ザリガニの尻尾の外殻だった。この一口分をフクロウの雛が飲み込むのに要した

雛を守る雌のニシアメリカオオコノハズク。巣箱の入口まで出てきた一羽の雛を見つけてカケスがやってくると、親のどちらかが止まり木に陣取って見張り役を引き受け、騒ぎに雛が巻き込まれないように守ろうとする。

長い時間を考えると、雛の砂嚢に収まる限界をほんの少し越えていたのだろう。

雛たちが巣離れして四日目、仕事場で彫刻の作業をしていると、フクロウたちがねぐらにしている我が家の敷地脇の辺りで騒ぎが始まった。四方八方から呼び寄せられるようにカラスが集まってきて騒ぎに加わると、フクロウを悩ます騒々しさは一気に激しさを増し、カーカーと鳴く声は狂乱状態になった。わたしが駆けつけて何分もしないうちに、五、六羽だったカラスの群れは三十羽近くになった。数も騒々しさも、もはや大群だった。

そういったことがすべてわたしの手の届かないところで展開していて、わたしはなす術もなくそこに立ち尽くし、見守るばかりだった。襲撃するカラスたちは怒りをフクロウにぶつけることしか頭にないようで、地面に落ちていた大きな枝を拾って投げて

ザリガニの尻尾を呑み込むニシアメリカオオコノハズクの雛。親が解体したザリガニの尻尾や甲殻などを、雛はすっかり食べ尽くす。

も、わたしの存在にはほとんど気づいていなかった。あれほど興奮しているカラスの群れの騒々しさは、その中に身を置いてみないと想像もつかない。

ほんの数分程度の出来事だったが、フクロウに対して父親のような気持ちもあり、またあのような猛襲の前ではフクロウも無力だということを知っていたため、もっと長く感じられた。下からフクロウを狙おうとしたのか、群れの中から一羽のカラスがわたしのいるほうに向かって飛んできた。と思うと、茶色がかった灰色をしたブーメランのような形の物体が上から降ってきて、カラスの後頭部を直撃した。その衝撃で、カラスの首筋から黒い羽根が何枚か飛び散った。カラスはしばらくよろよろと地面に向かって落ちていたが、なんとか体勢を立て直すと、我が家の屋根の向こうにふらふらと飛ん

我が物顔に振る舞うカラスに襲いかかる雌のニシアメリカオオコノハズク。雛を守るため、圧倒的に不利と思われる状況に立ち向かう雌は、止まり木から滑空し、騒々しいカラスの群れの中の一羽を攻撃する。

でいった。雌のフクロウがふたたび弧を描くように舞い上がり、家族の待つ止まり木に戻る様子を見ているわたしのところに、黒い羽根がくるくると舞い落ちてきた。フクロウがカラスに反撃したことで、感情面での雲行きは一変した。威張っていたカラスが追い詰められ、急におとなしくなって退散したのだ。

それまではどう見てもカラスのほうに分があった。この結末にわたしの存在が何か関係していただろうかと考えた。少しは関係していたと思うが、親である二羽は相当な覚悟を持って自分たちの暮らしを守ろうと決意したのであって、わたしがいようがいまいが、彼らはうまくやり遂げていたと思う。しかし確実に言えるのは、これで雛たちの当初の無邪気さは消え、非常に重要な記憶と共にカラスに対する警戒心が備わったということだ。何を避けて何と戦うかは、ニシアメリカオオコノハズクにとって早い段階で集中して素早く身につけなければならないことだったのだ。今後もこうした出来事には何度も遭遇することになるのだから。

その日の午後、近くの森の小道を歩いていると、何があったのかフクロウの雛が一羽、地面に落ちていた。レモンのような黄色い目を輝かせて、下生えのカタバミ越しに上を見上げている。木の上にいる親たちも雛がどこにいるのか分かっているようなので、餌はもらえるだろう。だからその点に関しては気にしなくていい。それよりも心配なのは、この辺りをうろついているコヨーテやアライグマの存在だった。日が暮れるまでに何としてでも木の上に戻らないと、犠牲になってしまう可能性は十分に考えられる。放っておくべきか、拾い上げて近くの木の上に乗せてやるべきか。自然の秩序に対して余計なことだったかもしれないが、わたしは後者を選んだ。雛の安全を願う気持ちが、何が起ころうと見届けてその結果を受け入れるという科学者としての姿勢に勝ったのだ。

事の是非はさておき、フクロウの一家の後見人としての役割を自ら引き受けたわたしは、この月齢ならではのふわふわとしたボールのような雛を拾い上げた。広げた手のひらに実にしっくりと収まった後、じわり

カタバミの中から顔をのぞかせるニシアメリカオオコノハズクの雛。カラスの急襲を受けて地面に落ちてしまった雛は、下生えのカタバミの中にいた。

人の手に乗るニシアメリカオオコノハズクの雛。地面に落ちたフクロウを見つけると（フクロウに限ったことではないが）、拾い上げて安全な止まり木まで運んでやりたくなる。

じわりと移動して、指先にちょこんととまった。娘たちもすぐにやってきて、間近でじっくりと観察した雛の繊細な美しさに見とれていた。このときもわたしたちは、異なる二つの種が互いに夢か幻かといった表情で見つめ合っていた。孵化してせいぜい五週間程度のフクロウの雛と、同じ時期の娘たちを比べてみないわけにはいかなかった。無垢で、好奇心旺盛で、それでも親がつねに目を光らせていなくてはならず、自分たちの生活を実現させる可能性を存分に発揮するにはまだまだ学ばなくてはならないことだらけだ。フクロウは生き生きとした例として、わたしの娘たちに学ぶことへの門戸を示してくれた。間近で見たフクロウの光景が、想像力、探求のプロセス、知恵につながる最初の知識への扉を開けてくれたのだ。

フクロウの雛を拾い上げることの大切さについて、わたしは双子の娘たちと話し合い、家族のもとに戻してやる方法を検討した。結論として、シャクナゲの木のそばまで移動させてやれば、そこから低い位置にある枝に飛び上がることができるだろうということに落ち着いた。そこから近くの大きな枝まで行くことは自力で何とかなるはずだ。十五分後、まさにそのとおりになった。わたしたちが見守る中、雛は一歩一歩、嘴も上手に使いながら羽を動かして、ヒマラヤスギの低いところにある枝に登り、巣にいる家族と合流することができた。

六月の終わり。六月が終わる頃、わたしたちは不順な天候に悩まされていた。快晴だったかと思うと、翌日からしばらく雨の降る冷たい日が続く。気温の高い日には、フクロウの親も雛もマグノリアの木陰を求めて、葉が生い茂ったところに引っ込んでしまう。比較的涼しい場所に避難していても、フクロウはあえぐように小刻みに息をして、体内に蓄積された熱を放出している。そんな天気の日には、小川のそばにできた水たまりで体を冷やした後なのだろう、お腹や脇腹、胸の下のほうの羽毛がびしょ濡れになっている雄を見かけることがあった。

嵐になって大雨が降ると心配になったが、晴れた日には暑気を払ってくれるマグノリアの群葉が、どしゃ降りの日には傘となって激しい雨からフクロウたちを守ってくれるはずだ。探してみたが、いつもの避難場所にいた雛は一羽だけだった。成鳥の羽毛はやわらかく、簡単に雨をはじく。しかし相変わらず綿毛のようにふわふわした雛鳥は乾いたスポンジのようなもので、びしょ濡れになるのは必至だ。それでも飛び立とうとすれば、濡れそぼった雛は地面に落ちてしまうかもしれない。それだけでなく、濡れた羽毛は断熱性を失い、冷気に包まれて低体温症で死んでしまう可能性もある。わたしはフクロウを探して、下生えの中も見逃さないように気をつけながら隣に広がる森に入っていった。風は強くなる一方で、家に引き返す頃には雨も激しさを増していた。ふと見上げると、ツタカエデの木の枝に親鳥が一羽とまっているのが目に入った。こんな状況で、比較的見つかりやすいところにいるなんて妙だなと思った。とまっている枝を隠すように片方

ヒマラヤスギの木に戻るニシアメリカオオコノハズクの雛。雛は巣離れしても最初の数日は飛べないが、嘴と足、そして翼をうまく使ってよじ登ることができる。

豪雨から雛を守る雌のニシアメリカオオコノハズク。巣離れしたばかりの雛は豪雨で生命を失いかねない状況に陥っていたが、母フクロウが羽を広げて自ら避難場所となっていた。

の翼を広げている。よく見ようと一歩下がったところで事情が呑み込めた。広げた翼の下で、いなくなっていた雛が雌のフクロウの脇腹にきつく顔を寄せていた。母フクロウが雛を豪雨から守っていたのだ。

七月、八月。フクロウの移動。雛たちが巣離れして十日が経過した。体も逞しくなって、自信をもって飛べるようになった雛たちは、毎日夕方になると親の後について巣を離れ、狩りの旅に出かける。日が暮れて小川の畔で雛たちを見かけたときも驚かなかった。雄のフクロウがそこで狩りを始めるのを何度も見たことがあったからだ。雛たちは少し離れたところの枝にとまって、父フクロウが水際まで飛んでいってザリガニを捕まえる様子を見ていた。

これも雛たちに対する教育の一環だ。

雛たちは巣にいる間に運んできてくれたものを見て、何を食べればいいかを学んだ。どこでどうやってそれを捕まえればいいかについての基本事項は、狩りの一部始終を観察することで学ぶのだ。本能だけでやっているわけではない。一年のこの時期、川辺には昆虫や小鳥が数多く生息しているし、ネズミの仔もたくさん見つかるので、雛たちは狩りの技術を磨くことで体を太らせることができる。

古い営巣地は、いずれ出ていかなくてはならない。群がってくる小鳥たちは、鬱陶しいだけのこともあれば危険な場合もある。巣の場所が知られると雛が狙われるからだ。いつもみんなで同じ巣にいれば、近くの川辺に巣を作って毎年この辺りに棲むクーパーハイタカなど肉食鳥の餌食となる可能性が高くなる。この辺りの森の中を移動する大型のフクロウも、小型のフクロウにとっては脅威である。小川に沿ってさらに北に追いやられたフクロウの一家は、それからも一か月、もしくは一か月半ほど共に過ごし、夏から秋にかけて、夕方になると鳴き声を交わしていた。「ホー……ホー……ホー……」という最初の鳴き声は、「そこに……いるのか？」と確かめているように聞こえる。少し間があって、「ここに……いるよ」という返事が続く。

フクロウたちは実にうまく身を隠していたため、枝にとまっているところを発見することはほとんどなかった。たいていの場合、音も立てずじっとしていて、鳴くときもわたしの耳では聞き取れないほど小さく鳴いていた。「憩いの家」は荒れ果てて生き物の気配はなく、フクロウの一家が出ていったことで活気を失っていた。空き家になった人間の家と同じだ。もはや家とは言えず、空っぽで何もない箱だけが残されていた。

九月、十月。秋になり、この二か月間まったく鳴き声が聞こえないということは、フクロウはわたしたちの森からいなくなったのだろう。それにしても妙だ。フクロウたちのいる気配がしないのに、いるような気がして仕方がない。どうしてここまで確信が持てるのか、自分でも説明できないが、そんな気がするのだ。いずれにしても、どこにいるかは分からないが、フクロウの一家がわたしの好奇心の及ばないところで暮ら

親が狩りをする様子を観察する若いニシアメリカオオコノハズクたち。上の世代の狩りを見ることは、雛の教育の中でも重要な要素である。

しているのはいいことだ。雛たちにはフクロウとして身につけなくてはならない一連の知識がまだ残っているはずだ。それがどういうものかはわたしには想像もつかないが。雛たちがそれぞれの縄張りを見つけるために行動範囲を広げていくにつれて、不慣れな場所に出ていくことにもなるだろうし、未知の危険に晒されることもあるだろう。二羽のうちどちらかだけでも最初の一年を乗り切ることができたら、喜ばしいことだ。

フクロウの一家がいなくなったので、わたしは「憩いの家」まで登って、中に堆積していた残存物をスコップを使ってビニール袋に集めた。掃除しておいて悪い理由はないだろう。万が一、フクロウたちがこの巣箱に戻ってくることになったとしても、寄生虫を少しは除去できる。寄生虫は翌年まで生き延びて、親鳥にも雛鳥にも感染しかねない。フクロウたちが暮らしていた数か月の間に堆積したものは、親フクロウが家族に何を餌として運んできていたかを確認するのにも大いに役立ち、この辺りの水辺における生態動力学に関していくらかヒントを与えてくれた。

巣箱の中の干からびた残存物をスコップですくっては袋に入れ、奥の二隅以外はすっかりきれいにすると、袋は三百グラム近い重さになった。ボール紙の上に残存物を広げていると、孵化していない卵がひとつ出てきた。あとでその大きさと重さを計っておいた。有機物質が、林床から一掴みした腐葉土のような臭いを放っていた。かき分けて調べてみると、この種のフクロウは捕まえたものなら何でも食べるということを立証できる証拠がいろいろと見つかった。巣箱に残されていたペレットには塊になったネズミの毛が含まれていて、これが残存物の大半を占めていた。親フクロウは、まだ若いイエネズミを大量に、シロアシネズミも同じくらい大量に捕まえていたに違いない。さまざまな種類の昆虫の未消化部分もたくさん出てきた。小川でさっと捕まえたトビケラの幼虫は特に好物だったようで、体を覆う外殻の部分がたくさん見つかった。固くなったオオアリの一部もペレットとしてたくさん見つかった。他にもスズメバチやマルハナバチ、さまざま

フクロウの家に棲みついたトウブハイイロリス。フクロウの一家が巣箱からいなくなって数か月の間、リスやミツバチなど他の生き物がここを狙っていた。

な種類の甲虫、コオロギ、ワラジムシ、キベリタテハチョウ、アゲハチョウなどの羽や足も残されていた。水生の獲物ではザリガニがあった。消化できずに残されていた部分の量から判断して、何よりの好物のようだ。小さなマスの尻尾も少し残されていた。わたしたちのフクロウに関して言えば、付近にいる鳴き鳥に対しては深刻な影響は特になかったようだ。オリーブチャツグミのオリーブがかった茶色の尻尾の羽根だけが見つかった。ホシワキアカトウヒチョウの脇腹の羽根もあった。

調査が完了し、広げたものを全部袋に戻したが、孵化していない卵はさらに調べてみるために手元に残しておいた。袋の中身をヒマラヤスギの古木の周囲や、何週間か前に娘たちと一緒にやんちゃなひな雛を移動させたシャクナゲの辺りに撒いた。雛がよじ登って家族のもとに戻る際に枝を一本、二本と提供してくれた木に対して、そうすることが適切で栄養にもなるお返しだと思えた。

冬至。仕事場から見る森は、わたしと同様、この天気にうんざりしているようだった。雪が降り始めていたが、一年で最も日の短いこの日は母と妻と双子の娘たちの誕生日でもあることを思うと、少しは気分も華やぐ。みんな早めにベッドに入った。天気のことでぐずぐず言っているくらいなら、早く寝たほうがいい。開け放った寝室の窓の前を通ったとき、外の音が聞こえてきた。それがこれまでにも聞いたことのある音だと分かる前に、思わず立ち止まった。窓から暗闇の中に身を乗り出したが、聞こえてくるのは川底を打ちながら流れる小川の音ばかりだ。と、また聞こえてきた。それからも二度、三度と。小さなニシアメリカオオコノハズクの鳴き声だ。嵐が来ようとも逃げずにここにいるよと主張しているのだ。次の日の夜、ダイニングルームの観音開きの窓の前を通りかかったときに外を見ると、わたしを見つめるフクロウの姿があった。前にも会ったねと言っているようだった。戻ってきたのだ。

その後。一九七〇年から九四年まで、「憩いの家」を利用するフクロウの姿が毎年確認された。この間、少なくとも五組のフクロウのつがいが、営巣の場、そしてときにはねぐらとしてここを使用したようだ。合計するとおよそ五十羽の雛が巣立ち、毎年行なった食生活の分析結果から、小川沿いに生息する小型の齧歯類の個体数に少なからぬ影響を及ぼしていることが確認できた。さらに、我が家に巣食う蟻やシロアリの減少にも貢献してくれた。

四半世紀近くにわたって、フクロウの家族と仲良く生活を共にしてきた経験から、この種のフクロウはきわめて適応能力が高いと自信を持って断言できる。わたしたちが少し世話を焼きすぎたところはあるかもしれないが。カラスと同様、フクロウも学習するのは間違いない。わたしたち家族ひとりひとりの顔を認識し、それぞれの振る舞いについても理解していた。わたしたちが近づいても拒絶せず、見知らぬ人間には許さない距離まで近寄ることを許してくれた。そしておそらく、この時期に最も貴重だったのは、フクロウとの共存生活がわたしたち家族に与えてくれた経験である。フクロウの一家は定期的にわたしたちを自然界に招待し、真似のできない方法でいろいろなことを教えてくれた。

自然の周期は移ろう生態系における力学の一部であると同時に、その力学を支配するものでもある。二十五年にわたって「憩いの家」を巣として利用していたにもかかわらず、それがぴたりと止んでしまったことには、それでも驚きを隠せない。ある年から、森にアメリカフクロウの鳴き声が響きわたるようになった。ここワシントン州西部でも、二十世紀半ばを過ぎたあたりから目撃情報が報告されている種だ。大西洋岸地域からカナダを経由して太平洋岸北西地区に辿り着いたのだ。大型で攻撃的で、小型のフクロウも捕食してしまうアメリカフクロウは、ニシアメリカオオコノハズクが雛を巣立ちさせた最後の年に、この流域にやってきたのだ。アメリカフクロウは、ニシアメリカオオコノハズクの雛を狙っていたのではないかと思う。雛だけではなかったかもしれない。ニシアメリカオオコノハズクは、アメリカフクロウによる脅威を経験していないため、それを避ける手立てを持ち合わせていなかった。アメリカフクロウのペレットからニシアメリカオオコノハズクの羽根が見つかったことは、わたしたちが観察対象としていたフクロウの一家の不在に彼らがどう関与したかという証拠にもなった。

東部地域でアメリカフクロウと共進化したヒガシアメリカオオコノハズクが、東部の広葉樹林で自分より大きなアメリカフクロウと共生しているというのは興味深い。共進化することで、アメリカフクロウにできるだけ捕まらないように小さいほうのフクロウの本能や学習行動が発達してきたのだ。ヒガシアメリカオオコノハズクが捕食されず、絶滅にも至らなかった理由は他にもあるかもしれない。こうした理由が分かれば、わたしたちの西部の種に何が必要なのかを予測できるようになる。おそらく時間があれば、それもかなりの時間が必要だが、ニシアメリカオオコノハズクの行動にも同様の進化過程が期待できるはずだ。

ダイニングルームを覗き込む冬のニシアメリカオオコノハズク。この年、ニシアメリカオオコノハズクはわたしたちの森にとどまり、ときどき外から我が家を覗いている姿が確認できた。

わたしは怒りと寂しさを覚えていた。そして「わたしたちのフクロウ」（わたしたちはそう呼ぶようになっていた）を失った現実を前にして、無力さを痛感していた。彼らはわたしたち一家に、知的にも情緒的にも実に豊かな滋養を与えてくれた。しかし、少し考えてみれば分かることだが、文字どおりにせよ比喩的なものにせよ、メッセージを運んできたものを非難したところで何の満足にもつながらない。アメリカフクロウは大陸を横断しながら格好の機会を狙っていた。その間、人類は食料を確保したり子供を育てたりするのに都合がいいように景観に変化を加えていた。わたしたちはアメリカフクロウのために、西に通じる道路を拡幅し、舗装までしたのだ。

わたしたちは、現存する近隣の森と水辺に残る原始の生息環境をできるかぎり保護し、管理していかなければならない。小さなフクロウが生き残るために何が必要なのか、わたしたちには分かっている。フクロウが雛を育てたりねぐらにするための安全な場所を破壊したり、彼らの餌となる生き物にとって満足できる状態を奪ったりするようなことがあれば、苦しむことになるのは彼らなのだ。

初冬、わたしは家にいて、今もニシアメリカオオコノハズクの元気な鳴き声が聞こえてくるんじゃないかと耳を澄ませている。森は静かで、ただ無関心な小川だけが湖を目指して木々の間を縫って勢いよく流れている。しかしつい最近まで、仕事場の眼下に見えるロペス島の湾から吹き上げてくる海草や潮の香りを味わっていた。年が明けたばかりの静かな夜で、紛れもないニシアメリカオオコノハズクのかすかな歌が、背後の森から聞こえてきた。「ホー……ホー……ホー……、　ホーホーホーホー」という堂々とした鳴き声で、「ここだよ！」と何度も繰り返し主張していた。「わたしもここにいるぞ！」と口笛で返すと、希望が湧いてきた。

フクロウの種による大きさの違い。フクロウは他の鳥類では見られないほど種によって大きさが異なり、サボテンフクロウはウタスズメより少し大きい程度、一方でシマフクロウは小型のワシほどの重さがある。

第2章　フクロウのこと

　フクロウは長い進化の道のりを辿ってきた。発掘された化石から、中新世まで遡ることができる。二千三百万年から二千五百万年前だ。それだけの時間をかけてフクロウは多様化し、分類の基準にもよるが、今日ではおそらく世界に二百十七もの異なる種のフクロウが存在するとされていて、その数は今なお増え続けている。フクロウ目には二つの「科」があり、メンフクロウ科にはメンフクロウが属し、それ以外のすべてのフクロウはフクロウ科に属する。

　フクロウは南極大陸以外のすべての大陸に生息している。氷に覆われて荒涼としたツンドラ凍土帯から高温多湿のジャングルまで、幅広い生息環境を開拓してきたフクロウは、体の大きさもスズメほどのサボテンフクロウからワシにも匹敵する大きさのシマフクロウまで、種によってさまざまである。一時期、フクロウは今以上に大きかった。進化の過程において、カリブ海域諸島に巨大なメンフクロウがいたことが、発掘された化石から判明している。今から三万年も遡らない時代に生息していたそのメンフクロウは、今のメンフクロウより三倍も大きく、まるでオウギワシのように、ジャングルの梢に暮らす巨大なナマケモノを捕食することができた。

わたしたちは普段、海岸に行けばいつでも見られるカモメと比べて、フクロウをありふれた鳥だとも多様な種の鳥だとも思っていない。数のうえで豊富に存在する鳥でないことは事実で、実際に生息している地域でも群れで生活しているわけではない。しかし世界を見渡せば、フクロウにはカモメの二倍以上の種が存在する。人目につかないところでひっそりと生息するという習性により、主にわたしたち人間が出歩かない時間帯に活動しているため、ほとんどの人に気づかれることなく暮らしているというだけのことだ。

鳥類の系譜を整理すると、フクロウはタカやワシ、ハヤブサとは類縁関係にない。しかし収斂進化の過程を経て、二十四時間という一日のサイクルの中で異なる時間帯に効率的な肉食鳥でいられるように、身体面、行動面でよく似た特徴を発達させてきた。基本的に、フクロウは限られた明るさの中でも、日中のタカやワシ、ハヤブサとほぼ同じことを行なうことができる。

フクロウが捕食種として成功した理由として、ひとつには白昼堂々と振る舞う他の肉食鳥と渡り合うことを避けて、比較的暗い中でも活動できる能力を持っていることが挙げられる。フクロウは真っ暗闇の中でも活動できると言い切ってしまうのは必ずしも正解ではなく、完全な夜行性は世界のフクロウの半分に満たないと言われている。夜行性とされている種でも、活動することを選択する照度の度合いはさまざまである。洞窟の奥底などは完全な闇となるだろうが、地上ではなかなかそこまでの暗闇は存在しない。コミミズクやスズメフクロウ、シロフクロウ、それにオナガフクロウなど、日の出から日の入りまでの日中に狩りをするのを日課としている種もある。狙う獲物は異なるものの、生息域はタカやワシ、ハヤブサと重なっている。日の入り後の時間帯も、コミミズクやシロフクロウ、カラフトフクロウには好まれる。アメリカフクロウやマダラフクロウ、メンフクロウ、ヒメキンメフクロウ、キンメフクロウなどは、月と星の輝く暗がりの中で最も活発になる。

餌の調達と繁殖の環境さえ確保できれば、フクロウが生息できないところは世界にほとんど存在しない。北米ではシロフクロウが北極圏の最果ての一部にまで進出していて、北米のたいていの地域で見られるコミミズクや、その類縁関係にあってはるか南方に生息するトラフズクと生息環境を共有していることがある。極北のタイガ地帯になると、カラフトフクロウやオナガフクロウ、キンメフクロウが見られるようになる。北極圏周辺のこの辺りでは、数こそ少ないがアメリカワシミミズクも確認でき、そこから大陸全体に広がってさまざまな生息環境に分布している。こうした北部の森林地帯では、キンメフクロウより小型だが類縁関係にあるヒメキンメフクロウも、生息地を部分的に共有している。キタマダラフクロウは西海岸に沿って南方に連なるカスケード山脈に残る数少ない原生林から、アメリカ南西部に至るまでの地域でどうにか個体数を維持している。同じエリアでキタマダラフクロウの亜種も少数確認されている。攻撃的で日和見主義のアメリカフクロウは、アメリカ大陸北部の東部から南東部にかけての森林、さらには西部の森林地帯まで生息範囲を広げ、類縁関係にあるマダラフクロウの手ごわい競争相手となっている。ヒガシアメリカオオコノハズクはそこから西に向かって中部の森林地帯に生息地を確保し、ニシアメリカオオコノハズクは北部および西部の海岸林全域、そこから南に下ったカスケード山脈、ロッキー山脈、さらには南西部、メキシコに至るまで分布する。西部では、小型のカリフォルニアスズメフクロウがニシアメリカオオコノハズクやアメリカコノハズクと生息地の一部を共有している。

アカスズメフクロウとサボテンフクロウはベンケイチュウの木立で雛を育て、アメリカ南西部の乾燥したオークの森の営巣地はヒゲコノハズクに譲る。西部やフロリダの一部地域に広がる乾燥した開けた土地では、地上に巣をつくるアナホリフクロウが哺乳動物と生息地を共有している。そして最後に、おそらくフクロウの中で最も適応能力に長けた種であるメンフクロウは、大陸の中でもより温暖な地域一帯に分布し、人間が生活する農村地帯にも都心にも生息するようになり、人間が活動するところには必ず存在する小さな哺乳動物を餌にしている。これらの種が世界各地で人間と共進化を遂げてきたのには、それなりの理由があるのだ。

フクロウは生息環境が広範囲に渡るだけでなく、大きさもこれほど種によって異なるものは他に類がなく、そのことが独特の生息環境や条件への適応につながっている。極端な例としては、アメリカ南西部に生息する小型のサボテンフクロウは、主に食虫性のフクロウとしてうまく機能している。フクロウの中でも最小のこのフクロウは人間の平均的な親指ほどの大きさで、一般的なニワトリの卵よりも軽く、五十五グラム程度しかない。重量級で言えば、アジアの最北端に巨大なシマフクロウが生息している。体重は大型のハクトウワシよりも重く四・五キロあり、高い断熱性を誇るこのフクロウは、自分とほぼ同じ重さの鮭を捕まえてしまう。軽量のサボテンフクロウは砂漠に生息するため断熱性をほとんど必要としないが、巨大なウオクイフクロウは全身を幾層もの羽毛で覆うことで、厳しいシベリアの冬でも体温を一定に保っている。

しかしフクロウの見た目の大きさは、非常に紛らわしい。というのも、それぞれの生息環境で生きていくために多くのフクロウは幾層もの羽毛を必要とするため、実際よりもかなり大きく重く見えるからである。わたしは自分の描いたフクロウを見てくれている人に話しかけることがよくある。実物大のカラフトフクロウの絵を見せながら、この巨大なフクロウの体重はどれくらいだと思うかと、集まった人たちに訊ねるのだ。もちろん、「巨大な」という言葉を使うことで、ちょっとした驚きを仕掛けるわけだが、それにしても大きな鳥である。たいていの人は、フクロウの見た目の大きさと、自分がよく知る動物を比べている。「エルクハウンドくらいの大きさだから――」と言う人もいるだろう。「十三キロくらいかな」。家族の誰かと比較する人も珍しくない。「今朝、うちの赤ん坊の体重を計ったのですが、たぶんこのフクロウも同じくらいだと思うので、だいたい八キロ」。カラフトフクロウの平均体重は一・五キロにも満たないと告げると、みなが

車のフロントガラスに衝突するアメリカワシミミズク。車との衝突は、しばしばフクロウの死因のひとつとなる。

一様に信じられないという反応を示す。

アウトドアに詳しい我々の中にも、大きなフクロウの外見に騙される者はいる。友人のひとりで、猟師としても漁師としても熟練した者がいるのだが、ある日の夕方、外出先からの帰宅途中、前方からアメリカワシミミズクが飛んできて、運転していた車に頭から激突し、フロントガラスが粉々になったそうだ。そして、「あんな大きなフクロウは見たことがない。体重は二十キロ以上あったはずだ」と言うのだ。アメリカワシミミズクはどれだけ大きくなっても二キロにもならないよとわたしが言っても、彼は勢い込んで「そんなわけないだろ!」と譲らなかった。

フロントガラスに受けた衝撃については、フクロウの飛翔速度が友人の運転していた車のスピードと相まって、重さ二キロの砲丸が時速百三十キロでガラスにぶち当たるのとほぼ同じだという話をしてようやく、なるほどそういうことかと理解してもらうことができた。

木にとまったまま獲物が近づいてくるのを待つだけのフクロウもいるが、獲物を追跡したり攻撃したり、さまざまな戦術を持つ種もある。しかし狩りの成功が視力に左右される点は共通していて、どの種も日中でも何の問題もなくよく見えている。世界に生息する二百を超える種のうち、完全に夜行性なのは半分に満たない。そうした種は、獲物に襲いかかるときに視力だけでは十分にその姿を確認できない場合、聴覚がその役割を引き受けている。

しかし多くのフクロウにとって、やはり目が何よりも重要な感覚器官である。フクロウが並外れた視力を持っているのは目のおかげであり、強膜輪と結合して筒状になっていて、より多くの光を取り込むことができる。ワシミミズクの中には人間より大きな目を持つものもあり、頭蓋骨から目が飛び出しているため、周囲の世界を双眼で眺めることができる。目が骨の中に収まっているのではなく軟骨に支えられていることで、体の前部の軽量化にもつながっている。このおかげでフクロウは頭が重くならず、空気力学的なバランスを保っているのだ。

フクロウの前方視野は我々ほど広くないものの、頭を素早く二七〇度回転させることができるため、音や動きに即座に反応し、辺りを見回して獲物を見つけることができる。人間は平均して一八〇度しか頭を回せないので、背後をしっかり見るには体ごと動かないといけない。

夜行性の強い種の場合、網膜は低量の光に対して人間の目の何倍も敏感である。ご推察のとおり、こうしたフクロウは影や動きに反応して狩りを行なっていて、色に反応する錐体細胞より光に反応する桿体細胞のほうがはるかに密度が高い。さらに、目が筒状であることで角膜や水晶体も引き伸ばされ、取り込む光の量を増やしている。フクロウの虹彩は、光が強いときはピンで刺したような小さな穴くらいまで瞳孔を小さくし、暗闇では大きく拡張して可能なかぎりの光を目の中に取り入れることができる。研究結果によれば、同じものを見たときでも、瞳孔を拡張させたフクロウは、人間の二倍半の明るさで見ていることが判明してい

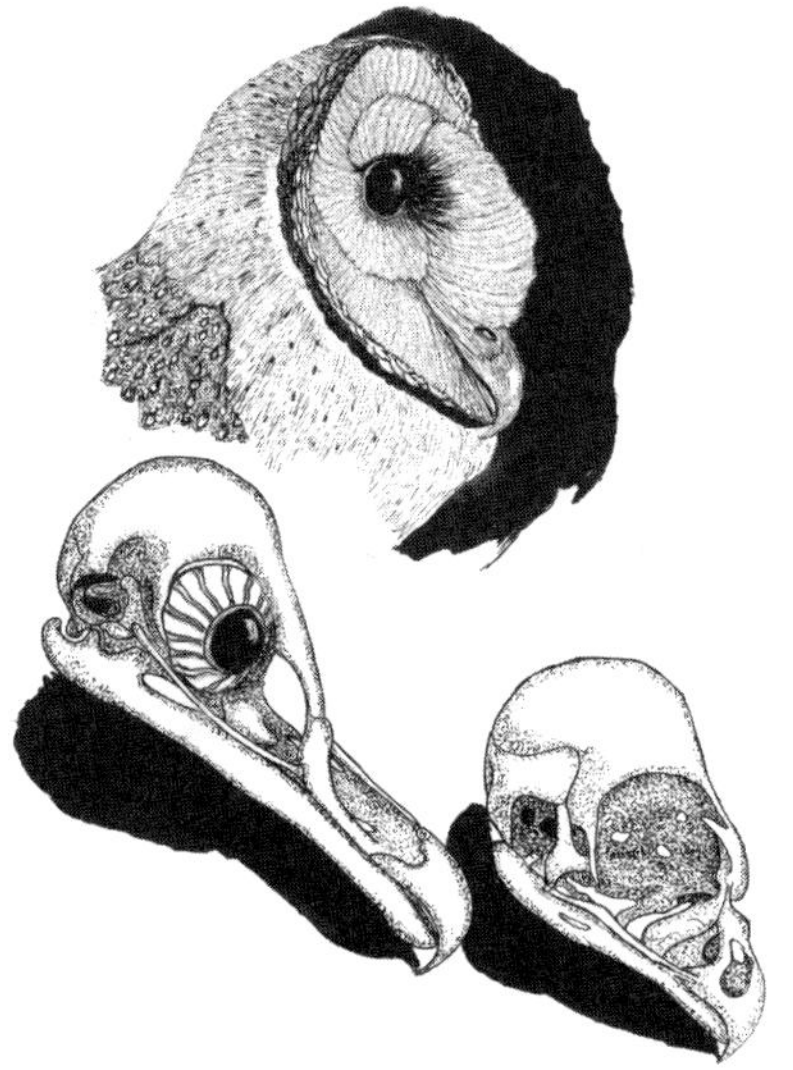

光を集めるメンフクロウの顔盤と、美しい頭蓋骨。隣はオナガフクロウの頭蓋骨。メンフクロウは顔盤に生えた独特の羽毛と頭蓋骨から突き出た目によって有効な光を取り込んで集め、対象物を見る。突き出た嘴は、特にネズミを捕獲するのに適している。一方で、オナガフクロウの嘴は先端が切り落とされたようになっている。

る。

フクロウはどの種も顔盤が羽毛に覆われていて、可能なかぎりの光を集め、光量が少ない状況でも対象物をきちんと識別できる。この顔盤が両方の目を取り囲み、嘴の上部と額のところでちょうど合わさっている。光はあらゆる角度から目に集められ、目的はまったく異なるものの、この光の集め方は、プールサイドで顔の両側に金属製の反射パネルを置いて、集められるだけの光を集めて日焼け効果を最大限得ようとする者と似ていなくもない。

夜間に視力をどれだけ効果的に活用できるかは、種によって異なる。顔盤の小さなカリフォルニアスズメフクロウや、タカのような体型のオナガフクロウなどは、その物理的形状や習性により、夜よりも日中のほうが狩りをする態勢が整っている。空腹の際には、その動機づけが狩りの成功率を大きく高めるが、主に夜行性のフクロウは周囲の様子を地図として頭の中に持

片方の目の瞳孔を小さくし、もう片方は最大限に大きくするヒメキンメフクロウ。フクロウは人間の目には到底できないレベルで、光量に合わせて瞳孔を収縮させたり拡張させたりすることができる。

っているため、勝手を知る縄張り内で飛んだり狩りをしたりする際に障害となるものを、実際に細かく見なくても事前に察知し、対策を取ることができるとも推測されている。ホームグラウンドの三次元マップを海馬の中に記憶として持っているのだ。適度な光があれば視覚で直接認識できるが、それより光量が少ない場合は、その記憶に頼ることができる。

空間を記憶するというこの現象をわたしが理解できるようになったのは、嵐の影響で我が家がすっかり停電してしまったときのことだった。キッチンまで辿り着こうとして、真っ暗な中でもわたしは家具の迷路のようになった中を容易に歩くことができたのだ。住み慣れた我が家のどこに何があるのかを記憶していたので、それなりの速さで歩いても一度もどこにもぶつからなかった。同じように、フクロウも慣れ親しんだ場所を視覚的に記憶しているので、暗闇で獲物を追跡できるというわけだ。

小型の哺乳動物の出す音がたいてい金切り声や甲高い鳴き声が特徴であることを考えると、フクロウは人間よりも高い周波数の音に敏感に反応していると言える。我々の聴力の閾値よりかなり低い強度の音も拾うことができる。

フクロウの顔盤には剛毛羽が実に細かく生え揃っている。これらの羽毛が光を取り込んで集めるのだが、音を浸透させて耳道に届ける役割も担っている。フクロウは動物の物音を聞きつけると、音のしたほうを向き、襞襟状の剛毛羽に囲まれた顔盤で音を集める。ちょうどわたしたちがパラボラ型の集音器を使って、聞こえてきた音を集めたり録音したりするのと同じ要領である。日中に狩りをするフクロウは、音で獲物の存在に気づき、その姿を認めると、それは攻撃を仕掛ける標的となる。しかし中には、頭蓋骨に左右で高さの異なる穴、つまり聴覚用の開口部を備えたフクロウもいる。音が背後から聞こえてきても、集音器として機能するメンフクロウの顔盤には羽毛で覆われた表面の奥に耳介があり、それが獲物の動きによる音の位置を

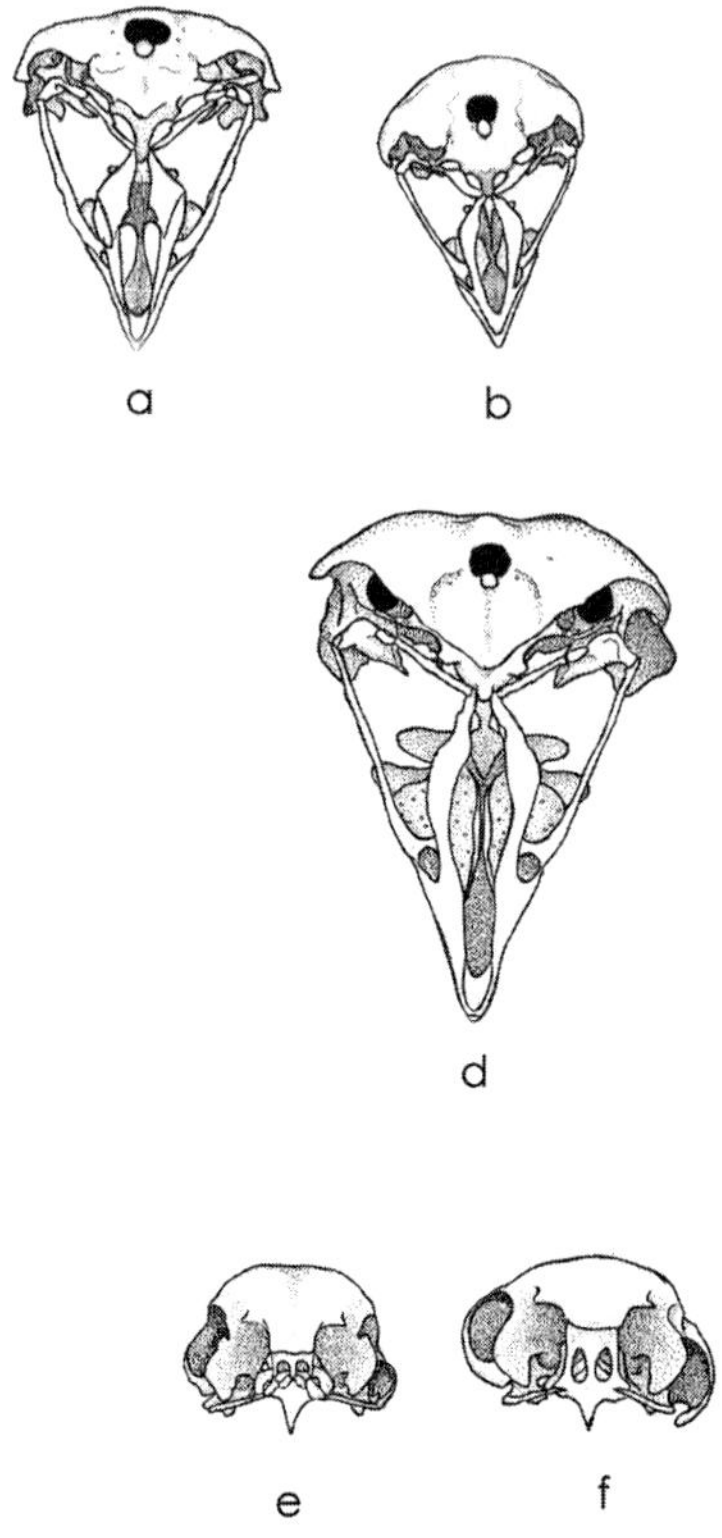

聴覚用の開口部が左右対称のものと非対称のものがあるフクロウの頭蓋骨。日中に狩りをするオナガフクロウ（a)、アナホリフクロウ（b)、スズメフクロウ（c）の頭蓋骨に開いた穴の位置は左右対称になっている。カラフトフクロウ（d）の場合、狩りの習性としては昼行性で、視覚によって獲物を発見するが、左右で高さが若干異なり、雪に覆われた下に隠れた獲物を見つける際に役立っている。ヒメキンメフクロウ（e）とキンメフクロウ（f）の耳道の開口部は極端なまでに左右で高さが異なり、視覚より聴覚によって獲物を認知することが重要な場合に役立っている。

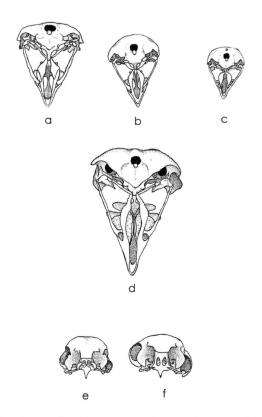

獲物を狙って、積もった雪の上から襲いかかるカラフトフクロウ。並外れた聴覚を使って、雪に覆われた下にいる小さな哺乳動物を察知し、位置を特定すると、飛び込んで雪の層を突き破り、獲物を捕まえる。

突き止めるうえで役立っている。メンフクロウは右側から獲物が近づいてくる音を聞きつけると、左右の耳で同時に音を聞き取れるように音のしたほうを向く。そうやって獲物と向き合えば、左の耳は右の耳より上にあるため、音が視線より上から聞こえてきているのか下からなのかを特定することができる。下から聞こえているのであれば、右の耳のほうが大きく聞こえるからである。

カラフトフクロウとキンメフクロウは、獲物の発する音が両方の耳に同じ強さで入ってくるように頭の位置を調整することで、分厚い雪の層の下に隠れた獲物を捕まえることができる。そうやって、垂直面と水平面の両方で獲物の位置を突き止めるのだ。足を延ばして雪の中に飛び込み、凍った雪に覆われた下に作った穴の中をうろつくハタネズミを捕まえる。

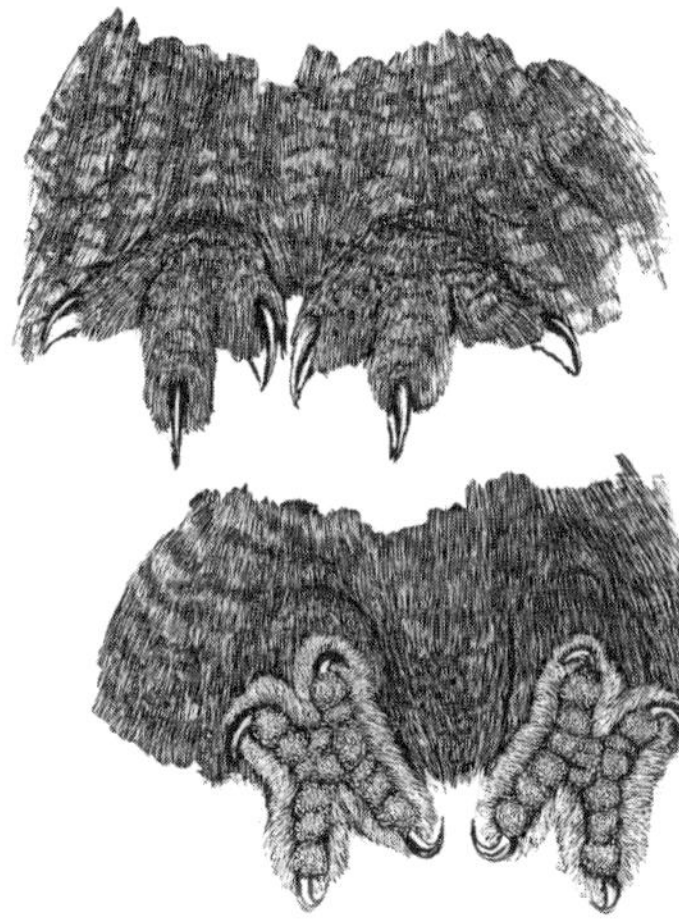

カラフトフクロウの足の上面と底面。カラフトフクロウの足先は上面も先端もびっしりと羽毛に覆われて断熱されているが、底面は剝き出しのため触覚が敏感で、摑んだものの感触を確かめて摑み直すことができる。

カラフトフクロウは雪に強く体当たりして、三センチ近くある氷の層を破り、足の長さよりも深いところにまで到達する。

カラフトフクロウは飛翔中も何度も微調整をして、姿の見えない獲物の動く音を追いかけることができる。体や翼を覆う柔らかな羽毛が自らの動きが立てる音を弱めるため、聴覚でとらえた獲物の音をかき消すことがない。狩りを成功させるために音を聞き取ることの重要性を考えると、フクロウの脳の中で聴覚をつかさどる延髄が非常に複雑で、カラスの大きな脳の同じ部分と比べて三倍の神経細胞があることも驚くには値しない。

獲物の音を聞きつけて、姿を確認しないまま雪の中に飛び込んでいって隠れたハタネズミを捕まえる能力もフクロウ特有のものだが、足を使って獲物を確認し、さっと摑み取る能力もまた独特である。ふさふさと羽毛に覆われたカラフトフクロウの足の裏は皮膚が剝き出しになっていて、でこぼことしていて敏感で、目では確認できないものがごそごそと動いていてもしっかり摑むことができる。もちろん、わたしたちの指先にも感覚器官がた

呑み込む前に獲物を摑み直すアメリカワシミミズク。嘴の両脇から突き出た剛毛羽を用いて、おとなしくさせた獲物の体を確認し、呑み込みやすいように摑み直す。

くさんあり、積雪の下の獲物に到達して捕獲するフクロウのことを考えていると、シャワーを浴びていてシャンプーが目に入り、石けんを落としてしまったときのことを思い出す。やみくもに手をあちこちに伸ばして、見なくても分かる形を手探りで摑もうとしているときに頼りになるのは、感覚器官である。フクロウは鋭い鉤爪のある敏感な足を利用して、見えなくても分かる形を毎日探しているのだ。メンフクロウの足には羽毛がない代わりに棘のような突起物があり、猫のひげと同じように獲物の居場所を突き止める役割を担っている。

口の周りの剛毛羽も、逃れようともがく獲物と格闘する際に重要な情報を提供してくれる。特殊なこの羽毛の働きによって、のたうち回るリスやネズミの息の根を止める際に目を傷つけられることなく、狙いをつけて嘴で嚙みつけるのだ。

飛ぶために軽量な体を維持する必要のあるフクロウは、獲物を噛み砕くための歯がなく、代わりに嘴で押しつぶす。少し柔らかくなったところで獲物を丸ごと、もしくは大部分を一気に呑み込み、あとは消化過程で栄養物と不要な部分を選り分ける。嘴を閉じて獲物を噛む際には、嘴の周囲の剛毛羽または毛状羽の働きにより、遠視のフクロウもネズミやリスの体の向きを調整して、つねに頭部から先に口に入れ、獲物の肢は体にきつく押しつけるようにして、喉や食道を通る際にするりと呑み込めるように工夫している。

つがいのフクロウを観察していると、互いの羽づくろいをすることで絆を深めていることが分かる。そしてここでもフクロウの触感の重要性が分かる。雄は目を閉じて（雌が拒絶反応を示したときのための用心である）、雌の首筋の羽毛に触れながら顔を寄せ、わたしが背中の自分では手が届かないところを妻に掻いてもらうのと同じようなことを行なっている。少なからず気持ちがいいのだろうということは見ていても分かる。もっと続けてと体を押しつける雌の体内を、エンドルフィンが駆け巡っているはずだ。ボタンと名づけたアメリカフクロウとは十二年近く一緒に暮らしたのだが、止まり木の上をわたしに向かって近づいてきて、首を伸ばして羽根を撫でてくれと促してきたものだ。額の上部や首の後ろ側の皮膚の表面を優しくさすってやると喜んでいた。フクロウは気持ちよさにいつまでも浸っていたいようだったが、十五分もそうしているとわたしのほうが限界だった。

カラフトフクロウの体を手に持つと、掘りたてのサツマイモを中に入れた大きな羽根枕を抱いているように感じる。カラフトフクロウは翼開長も体長も、体重およそ三・六キロの小型のワシとほぼ同じなのだが、体重は半分もない。北米に生息するたいていの種と同様、カラフトフクロウもほとんど音を立てずに飛翔するというのが狩りにおける戦略のひとつとなっている。初列風切羽の外縁を調べてみると、この静音飛翔の秘訣が一部解明できる。二十五センチほどの長さの初列風切羽の半ばに、睫毛のような羽枝がふわふわと三百二十本以上伸びて、外縁を形成している。この柔らかい羽枝が、飛翔時に翼が空気を切る音を弱める。フクロウは音を立てないことで、隠れた獲物が立てる音を探知するのに全神経を集中させることができるのだ。

他の鳥と同様、カラフトフクロウも体温を平均して摂氏四〇・五度程度という臨界範囲内で維持しなければならない。羽毛という断熱素材を身にまとったフクロウにとっては、温かさを保つよりも温暖な気候で熱を逃すほうが大変である。羽毛に包まれた頭部は幼い子供の頭と同程度の大きさだが、頭蓋骨と首は、場所によっては七・五センチの厚みがある羽毛の層に覆われている。翼の下や脇腹、胸部の羽毛は長くて柔らかく、上空にいるときには暖かい空気を閉じ込めて、冬の外気に対して断熱効果のある壁に守られているような役割を果たす。冬には摂氏零度を大幅に下回るのがつねである。胸の大羽の下にもなめらかな下羽の層があり、さらにその下には最後の断熱手段として、皮膚に対して直接、綿毛のような刈株状の層にびっしりと覆われている。これは羽毛というより毛皮のようである。寒さの影響をほとんど受けないフクロウは、他の肉食鳥がいない生息環境で、体力と生命を維持するために必要な獲物を探すという大きな課題に集中することができる。

同様に、シロフクロウも冬の間、北極圏で過ごすために断熱性に優れた羽毛による保温が欠かせない。シロフクロウの羽毛はカラフトフクロウのものよりいくらか密集して生えていて、極北の酷寒の気象条件から身を守るうえでは理想的な構造なのだが、個体数が定期的に激増する時期に南下する場合に問題が生じる。大陸の温暖な地域で冬を越す場合、シロフクロウは命を脅かしかねないほど上昇した気温に晒されることがある。哺乳動物であれば、体内に蓄積された熱を逃がすために汗腺があるが、鳥類にはない。寒冷な気候に適応したフクロウが気温の上昇に直面すると、暑さから逃れるか、もしくは放熱のための新たな手段が必要となる。マダラフクロウに関しては、複層になった原生林の生息環境内にさまざまな微気候が存在するため、

飛翔するシロフクロウ。

酷寒の時期も酷暑の時期も快適に過ごすことができる。

わたしが住んでいるピュージェット湾近郊には、シロフクロウが定期的にやってくるのだが、たまに例年になく暖冬となる年がある。気温が上昇する中、流木の上や沼地の畔に舞い降りて体温を下げようとしているフクロウを見かけたことも一度や二度ではない。軽く翼を広げて、少しでも多くの空気を循環させることで熱を逃がし、ドッグレース用の犬のように喘いでいることもある。口を開けて喉袋を震わせ、内部の皮膚の表面から体温を逃がそうとしている。籠からこぼれ出た洗濯物みたいに、翼を広げたまま地面の上でごろりと横になる大きなフクロウを見たことも何度かある。岸辺のひんやりとした砂や泥の上に体を横たえて休んでいるのだ。

フクロウの中には温暖な気候が健康に影響を及ぼす種があることを考えると、地球規模の気候の変動がどれほど悲惨な影響をフクロウに与えうる

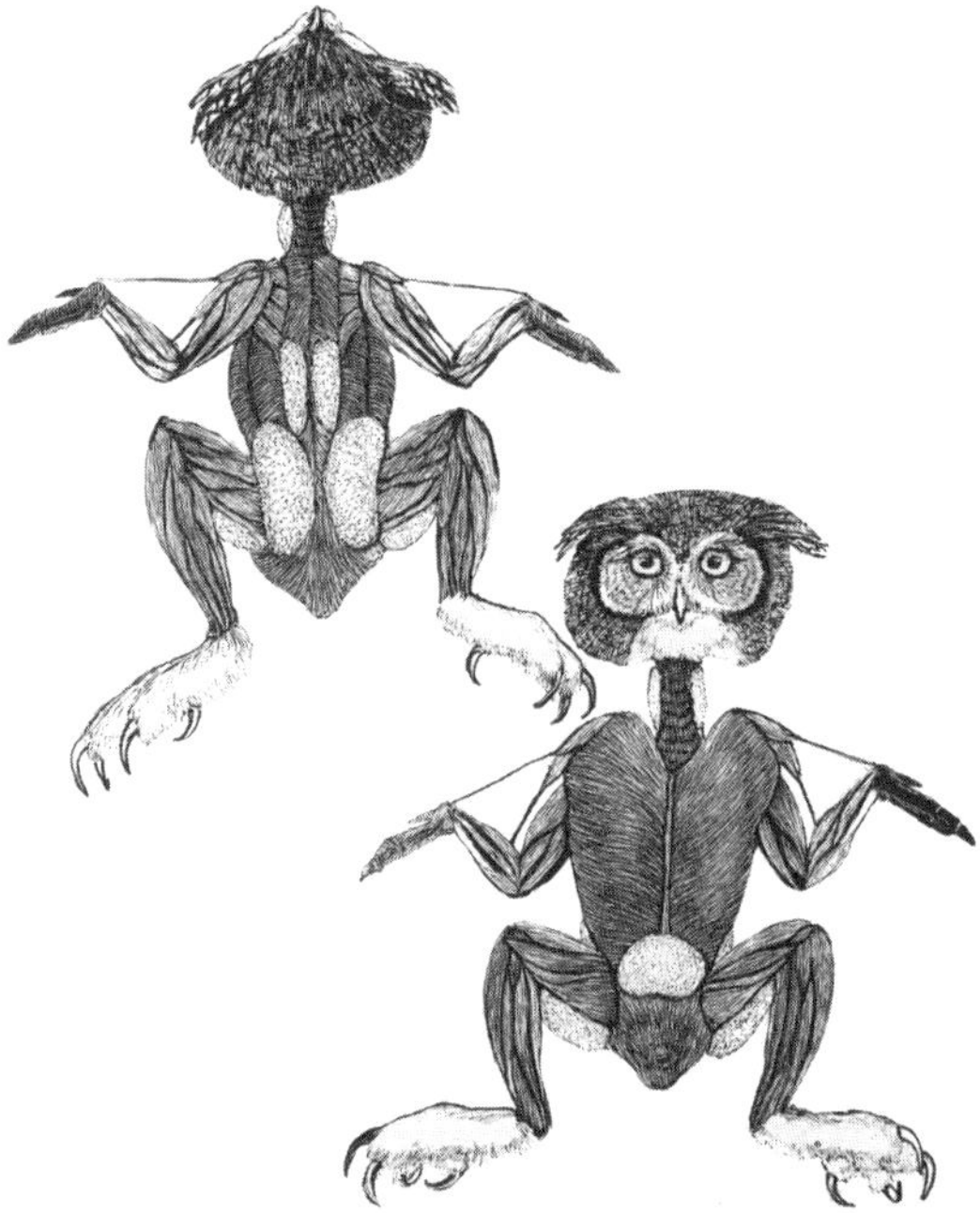

アメリカワシミミズクの脂肪沈着の様子（背中側と腹部側）。空気力学的なバランスを維持できる配置となっている。

かということは容易に想像がつく。要因は他にもいろいろあるが、炭酸ガスの放出量削減に関する国際的な合意は、地球の気温上昇の安定化のためにも達成されなければならない課題のひとつである。少なくともこれが達成できないようであれば、上昇する気温に耐えられない種の減少、そして最終的には絶滅を早めることになるだろう。もちろんその中にはフクロウも含まれている。フクロウの印象的な身のこなしや純然たる静謐な美を目撃できない将来の世代のことを思うと、悲しくて言葉も出ない。

フクロウ目の特徴である断熱性のある羽毛以外にも、フクロウは皮膚の下に幾層にもなる脂肪を蓄えていて、それが同様の目的を果たしている。多くの水鳥たちも脇腹や胸部の皮膚の下に一様に脂肪の層を備えているが、わたしが調査したアメリカワシミミズクは、どれも全身の特定の部位に左右対称の斑状の脂肪がついていた。これらは下腹部や腰部（この辺りは厳しい低温に晒されやすい部位である）にあって、フクロウはそれをエネルギー源の蓄えとしてだけでなく、さらなる断熱機能としても活用しているようだ。調査対象としたうち、一羽の雄のアメリカワシミミズクは体重が一・六キロあって、そのうち百十グラムは体内に蓄えられた脂肪分だった。断熱とエネルギー供給源としての役割を果たす脂肪の塊を全身の表面に必要なだけまとうことにより、フクロウは肉食鳥として不可欠な空気力学的バランスを失うこともない。

他の鳥類と同様、フクロウは特定の生息環境に暮らし、独特の生態的地位を開拓するための特殊な身体機能を持っている。

人間と同じようにフクロウも立体視を持っているが、フクロウの眼球は眼窩に固定されているため、視野はわたしたちほど広くない。しかし、首を二七〇度回転させられることはそれを補って余りある能力である。二七〇度というと、わたしたちよりほぼ一〇〇度以上回せるということだ。フクロウがこのような動きを容易にできるのは、頸部に人間の二倍にあたる十四の脊椎骨があるからである。さらに頸静脈も、首をこれだけ回しても脳に血液を供給するのを妨げない配置となっている。

フクロウは二本の肢で立つが、渉禽《しょうきん》に分類されることはまずない。しかし鳥類の他の多くの目と比べると、フクロウの肢は長い。メンフクロウは上肢をぐいと突き出して、納屋の周囲や野原に茂る草むらに肢を伸ばし、肢の長いハイイロチュウヒと同じようなやり方で小さな哺乳動物を捕まえることができる。カラフトフクロウは長い肢と足の推力に体重を乗せて、四十五センチの積雪の下に潜むハタネズミを捕獲する。アナホリフクロウも肢が長く、ミチバシリほどではないにせよ、砂漠に棲む爬虫類や哺乳類、昆虫を追いかけて地面を走ることができる。実際、こうしたフクロウも比較的長い肢と力強い足を使って、生息環境を共有する動物が掘った地面の穴をさらに掘り抜いたり拡張したりしている。

種によって若干の差はあるものの、フクロウの四本の足の指は基本的に短くて力強く、獲物を摑むと離さない。捕まえた獲物を握りしめるときや木の枝にとまるときには、前を向いた指の外側の一本が旋回して後ろを向き、前向きの指と後ろ向きの指がそれぞれ二本ずつとなる。いったん獲物を捕まえたり、枝にとまって落ち着くと、筋肉に力を入れなくても足でがっちりと摑む仕組みとなっている。

フクロウの個体数の推移には予測困難なところがあるが、一般的にさまざまなことが言われている。北米の北部地方では、冬の間、縄張り内にとどまるようにできていない種は、食糧が確保できる南方の地を目指して毎年移動する。同じ理由で、冬になると高地の山岳地帯から低地に下りてくる種もある。フクロウが急増することもある。普段はいない地域にこうして不定期に集団で移動すると、予測はさらに難しくなる。キンメフクロウやオナガフクロウ、カラフトフクロウの個体数の急増もときおり起こるが、最もよく知られているのはシロフクロウの例だろう。こうした移動が生じる理由に関してはさまざまなことが言われているが、今のところ考えられているのは、北極圏にレミングとハタネズミが豊富に生息していることで、若いシロフクロウが大量に育つ結果となっているということである。獲物を求めて争うシロフクロウの数があまりに多いため、若いフクロウが生命をつなぐために南を目指さざるをえなくなるのだ。移動しない成鳥は争うことを受け入れず、その不寛容さが、若いフクロウたちにそもそも南下を促しているという側面もあるかもしれない。通常は年が明けてからであるが、かなりの数のシロフクロウがおよそ四年から六年ごとに、北東の海岸および西部の海岸にやってくる。中には中西部地方に移動する個体もいる。

ワシントン州西部ではフクロウを見かけることが滅多にないため、現われたとなると大きな驚きをもって迎えられる。人々は週末になるとテレビを見て過ごすよりも、シロフクロウの目撃情報が報告された近くの

シロフクロウのいる景色に立つ少女。越冬するシロフクロウのいるところでは、距離を置くことでフクロウに余分なエネルギーを消費させず、狩りの邪魔をしないことが重要。

海岸に出かけることを好む。そこに行けば、見慣れたフットボールの試合よりもはるかに見応えのあるものを見ることができる。薄暗い灰褐色の冬の景色や海岸線が、フクロウの大きくて明るい横顔に輝くのだ。人々はフットボールの試合の微妙な判定について意見を交わすよりも、自然の神秘を探索している。二〇一三年から一四年にかけての冬、シロフクロウたちは北極圏にある営巣地を飛び立って、東海岸に沿って数千キロ離れたフロリダやバミューダ諸島にまでやってきた。夢のある話を好む博物学者たちは、いまだにその話をしている。どんな作用が働いてそんな移動が引き起こされたにせよ、フクロウには冬になると獲物を求めて飛び回り、春になればまた元の生息地に戻る能力が遺伝的に備わっていることは間違いない。

フクロウの移動を観察して記録することは、夜行性ということを考えると困難ではあるが、渡りも実際に行なわれている。毎年秋になると、分布範囲の中でも北西部に生息するアメリカコノハズクは南を目指してメキシコに渡っている。ヒメキンメフクロウも、大陸の東部に沿って南に渡る。カリフォルニアスズメフクロウの場合は、渡りとは少し違うかもしれないが、毎年秋になると高山地帯から下りてきて、比較的温暖で獲物も容易に捕まえられる低地で見かけるようになる。

分散したフクロウの家族が、通常とは異なる動きを見せることもある。ブリティッシュコロンビア州バンクーバー島の森林に覆われた丘の中腹を生息地とする一羽の若いヒメキンメフクロウが、東に向かっていくつかの州を越え、あの雄大なカナディアンロッキーを越え、針葉樹林に覆われた地帯で見つかっている。カナダで足輪をつけたトラフズクが三千二百キロ以上離れたメキシコのオアハカ州まで移動し、そこで回収された例もある。個体数の増加ということで言えば、アメリカフクロウも活発な動きを見せる種である。過去半世紀にわたり、西に向かってカナダを横断し、北西部の海岸線に沿って南下しながら生息数を確立させたその動きはまさに先駆的と言える。後でまた触れるが、この攻撃的な肉食鳥が、マダラフクロウやアメリカオオコノハズク、ヒメキンメフクロウを駆逐してきたのだ。

アナホリフクロウは哺乳動物の掘った穴をさらに掘ったり手を加えたりして自分たちの巣にふさわしい形にすることができるが、フクロウは基本的に自分では巣を作らない。ちょうどいい木の洞や、カラスやタカなど他の大型の鳥が作った巣を見つけてそこに棲みつく。裂け目のある浅い洞窟や自然にできた断崖を好む種もある。メンフクロウは、放置されていたり滅多に使われていない人工の建造物の中から、巣として利用できるところを見つける傾向がある。

ハシボソキツツキなど中型もしくは大型のキツツキがいなければ、キンメフクロウもカリフォルニアスズメフクロウもヒガシアメリカオオコノハズクもニシアメリカオオコノハズクもヒメキンメフクロウもサボテンフクロウもヒゲコノハズクもアカスズメフクロウも、ねぐらにしたり雛を育てたりするための洞を見つけ

巣穴の入口にいるハシボソキツツキ。小型のフクロウは、キツツキが作る穴、特にハシボソキツツキの穴を見つけてそこを自らの巣にすることが多い。

ることが難しくなる。カササギやアメリカガラス、ワタリガラス、アカオノスリ、ハネビロノスリ、カタアカノスリ、クーパーハイタカの巣は、トラフズクやアメリカフクロウ、アメリカワシミミズクにとって、卵を抱いて雛を孵すために周囲から保護された安全な場所となる。もしも手つかずのままの原生林に倒木がなく、自然の力によって空洞ができることもなければ、マダラフクロウやカラフトフクロウ、オナガフクロウは雛を育てるのにふさわしい安全な場所を確保できなくなる。メンフクロウは打ち捨てられた納屋や、倉庫の梁の突起部分、鐘楼などに巣を作り、巣箱があればそれを利用する。雛を育てるためのこうした隠れ家がなければ、わたしたちにとってもネズミを捕まえてくれるメンフクロウの数は

ネズミをくわえたメンフクロウ。メンフクロウの寿命はわずか数年だが、ネズミやジリスといった齧歯類を一羽で何千匹も捕食する。

ずっと少なくなるだろう。

他の動物とそれなりに長い時間を共に過ごせば、わたしたちと共通すると思われる特性に気づき、それを描写するようになるのが人間の性質である。カラスなど発達した脳を持つ鳥類は、さまざまな感情を持っているとわたしは信じて疑わない。中には人間とそれほど変わらない感情もあるだろう。ある程度までは、フクロウもそうだとわたしは確信している。

動物の行動を描写する際に人間の用語を使おうとすると、疑問が生じる場合がある。やりすぎると擬人化につながりかねない。一方で、これまでわたしがフクロウと親密な関係を築きながら行なってきた観察の中には、人間の行動に類似したものを示唆する言葉で説明するのが一番だと思うものもある。

フクロウも怒ることがあるのかどうか。フクロウの行動を観察していると、それにかなり近い状態になることはあるようだ。縄張り意識の強いフクロウが別のつがいに自分の陣地に侵入されたときや、一羽の雌に対して他の雄が同じく関心を引こうとしているときなどに感じる心の状態だけを言っているのではない。そういう場合も確かにアドレナリンが大量に分泌されているはずだが、フクロウが興奮して怒っていることを示すさらにデリケートな状態がある。越冬中のコミミズクが、同じ塩湿地で狩りをするケアシノスリやハイイロチュウヒに対して攻撃的になっているところを見ることは珍しくない。あるとき、沼地の周縁部に広がる草地でハタネズミを捕獲した直後のコミミズクを追跡したことがある。舞い上がり、獲物を食べようと流木に向かっているところに、一羽のハイイロチュウヒが進路を変えて近づいてきた。コミミズクはそれに気づいていなかった。ハイイロチュウヒは裏返るように宙返りをすると、コミミズクが摑んでいた獲物をかっさらっていった。コミミズクが「ヤァァァークッ！」と軋るような大きな鳴き声を上げたのは、ひったくりに遭った人間が上げる叫び声のようなものだったのだろう。獲物を奪ったハイイロチュウヒはあっという間に逃げてしまった。追跡が無駄に終わったコミミズクは、湿地の上空で旋回していた。数分後、コミミズクは翼を閉じるとハヤブサのように地面に向かって急降下を始めた。一瞬、また別のハタネズミを見つけたのかと思った。しかしコミミズクが後頭部に痛打を与えたのは、さっきの出来事とは無関係のケアシノスリだった。羽根が何枚か舞い上がり、コミミズクが溝に押しつけるようにさらに力を込めると、ノスリは逃れることができなかった。

わたしたちが成功間違いなしと思っていた矢先に邪魔をされると抱くはずの感情と大差ないものを、フクロウも感じている可能性はあると思う。前述のコミミズクは怒りに似た何かを感じていた。それだけでなく、獲物を奪われた後に報復として行なったことを考えると、感情を紛らすため、もしくは発散するために、罪

ケアシノスリを攻撃するコミミズク。コミミズクは冬の狩場における争いに我慢がならない。

のない第三者に八つ当たりしていたのだ。自分より弱いものを摑まえて憂さ晴らしをするのではなく、コミミズクはノスリを攻撃の対象とした。鳥類における転位活動とは言えないだろうか。言えると思う。

フクロウも獲物を捕獲したときは、単に食欲が満たされるだけでない満足感のようなものを味わっているのだろうか。空腹を覚え、獲物を探し、見つけて捕まえ、食べて食欲を満たすという本能に従った一連の行動にすぎないのだろうか。人類が狩りをするときのように、成功した際にはそれなりに達成感を感じているのではないだろうか。怒りや苛立ちといった鳥類の感情の対極として、満足感や幸福感も持ち合わせているということはありうるだろうか。確かに、わたしたちと同じように、フクロウも喉の渇きを癒やしたり空腹感を満たしたりした場合、脳は満足感とは言わないまでも、安堵感を伝える。本能に従って最後までやり遂げることができれば達成感につながると想定するのは、理に適ったことである。ボタンと名づけた我が家のアメリカフクロウは、飛ぶことはできないが、ドブネズミが餌を漁りにこのことケージの中まで入ってくると、飛びかかっていく。空腹でなくても、捕まえた後でケージの中の止まり木にとまり、息絶えたネズミを鉤爪でぎゅっと摑む姿は、まるで戦利品を見せびらかしているかのようだ。半時間あまりその姿勢でいたかと思うと、一部を食べて、残りはどこかにしまっていた。

晩冬、雌の関心を勝ち取ったことで分泌されたテストステロンでいい気分になった雄のニシアメリカオオコノハズクのホーホーという優しい鳴き声や、トリルのように震える鳴き声で我が家の周りの森が満たされる。わたしは古いイタリアのオペラを思い出さずにはいられない。恋に夢中になった男が乙女に対して思いを歌い上げ、バルコニーまで出てきてくれることを切に願うのだ。

歌以外にも、雌とつがいになって絆を深めるために、情緒的な雄はさまざまな手段を取る。長い期間にわたって、二羽で互いに羽づくろいをしたり、雄が雌に贈り物をしたりといったことである。贈り物にはネズ

ネズミをプレゼントする雄のニシアメリカオオコノハズク。求愛中の雄は、定期的に雌に獲物を運んでくる。

ミや鳴き鳥、ザリガニといった好物が選ばれるようだ。こうした行為がきっかけとなって、雌は近くの営巣地について検討し、また、これから一緒に育てていくことになる雛や自分を養うための獲物を持ってくるだけの資質のある雄かどうかを見極めることになる。

求愛期間を通じて、さまざまな間隔を置いて身体的な喜びがあり、それが刺激となって求愛行動が続いていくと考えることができる。人間の場合と同じく、交尾で絶頂を迎えた瞬間には幸福感と関連するエンドルフィンが分泌されることが確認されている。

わたしが共に過ごしたフクロウのほとんどは水浴びを楽しんでいたようだが、これもやはり、わたしたちが入浴を楽しむのと同じと考えることができる。たいていのフクロウにとって、水浴びはつねに都合のいい習慣というわけではない。柔らかい羽毛に水が染みて、危険が迫ったとしても飛び立つのが困難になってしまう。にもかかわらず、ヒメキンメフクロウにしてもスズメフクロウにしてもニシアメリカオオコノハズクにしてもアメリカフクロウにしてもメンフクロウにしても、わたしと共に暮らしたフクロウのほとんどが、天気のいい暖かい日には浅い水たまりにさっと体をくぐらせていた。正しい水浴びの仕方をフクロウが本能的に理解しているとは思えない。しかし庭のホースで水浴び用の皿に水を入れてやったり体にかけてやったりすると、その気になるようだ。水浴び用の皿に足を踏み入れると、最初は用心深く嘴を水につける程度だが、そのうちにしゃがみ込み、激しく体を揺すりながらまずは脇腹を、さらに反対側の脇腹を水につけることになる。暖かい日には、ボタンは十五分ほど水の中に突っ立って、目を閉じてまどろんでいた。入浴中の人間が感じる気持ちよさと同じものを感じているとしか思えない。

こうしたときに脳内でどの中枢が最も活発なのかを脳スキャンをして見定めないかぎり、フクロウが水浴びをして、そして乾いた後で羽づくろいをすることでどれほどの身体的満足感を得ているのか、確かなことは分からない。

フクロウは単に本能だけの生き物ではない。成長するに従って、何を恐れるべきなのかを学習していることは間違いない。わたしが世話して育った若いフクロウたちは、わたしが囲いに入っていっても何の関心も示さないか、興味を示す程度である。わたしが治療を試みた野生のフクロウの場合、身を隠すことができないときには恐怖心に基づいたさまざまな反応を見せる。野生のフクロウは人間を脅威と見なすことを学んでいるので、愚鈍に動く影が自分たちの上にそびえるように現われると、まずは慌てて逃げようとする。追いつめられると、前屈みになって地面に顔を近づけ、翼を広げて前方に伸ばし、敵をそれ以上近づけないように精一杯自分を大きく見せようとする。瞬膜を閉じて傷つきやすい目を保護し、嘴で音を鳴らし、自分の命を守るために戦う覚悟を決める。この時点で、わたしを避ける方法は模索済みだ。衝突が避けられないとな

クーパーハイタカと対峙するニシアメリカオオコノハズクの雛。フクロウは危険に直面すると、本能的に威嚇行動を取る習性があるが、状況に応じて、姿勢や羽根の広げ方などで身を隠そうとすることもある。

ると、フクロウは鉤爪を突き出して真っ向から攻めてくる。

ワシントン州のポットホールズ地域でわたしが研究対象としていたトラフズクの取った擬傷行動が、巣の近くで捕食動物に遭遇したことによる恐怖に対する本能的な反応ではなく、計算された戦術だとするのはいささか拡大解釈と言えるかもしれない。それでもこれらのフクロウは、巣を守らなければならないとなると、どの作戦を使うべきか何らかの決断を下しているように思える。カササギも、小型のタカや邪魔をしてくる他のフクロウと同様、追い払われている。相手が大きければ大きいほど、フクロウは追い払おうとする。しかし、大きな牛が草を食みながら巣のある木の下にやってきても、攻撃もしないし追い払おうともしないの

擬傷行動を取るトラフズク。巣の近くで相手と対峙することは効果的でないと判断すると、侵入者の気を逸らすために、傷つき苦しんでいるふりをするフクロウがいる。

は面白い。牛のことは脅威と見なさず、ほとんど注意を払っていないということのようだ。

以前飼っていたアナホリフクロウは、ガラガラヘビの音を真似していた。生まれつき備わっている能力なのだろう。アナホリフクロウがその音を出すのは、穴に入っていってわたしからは見えなくなったときに限られていた。フクロウの姿が見えないことでその音はより効果的になり、わたしは穴に手を入れる気になれなかった。このガラガラヘビの鳴き真似は、フクロウの巣を狙うジリスやアナグマの侵入を思いとどまらせるのにいくらか効果があったと思う。

自然をテーマに執筆した作家のジョン・バロウズは、ヒガシアメリカオオコノハズクは死んだふりをすることで、洞のあるリンゴの木の止まり木から追い払われないようにしたと記述している。この作戦はバロウズには通用しなかったものの、攻撃を受けて死んだふりをする種があることが今では分かっている。死んだ動物に

アナグマの巣に近づくアナホリフクロウ。アナホリフクロウは、アナグマやジリスの巣で使われていないものがあると、自分の営巣地としてその地下部分を作り替えられるものかどうか探る。ここはふさわしくないという結論になるはずだ。

対しては捕食動物も興味を失うことがあるため、そうやって逃げる手段にしているのだ。メンフクロウも死んだふりをすることが報告されている。捕食動物が気を逸らすか関心を失ったと分かった瞬間、狙われていたフクロウはさっと起き上がって逃げるのだ。

これまで調査したフクロウの巣の中には、食べきれなかった獲物でいっぱいになっていたものもある。平らになったカササギの巣の上では、卵を抱くトラフズクの雌が山積みになったモリネズミやハタネズミ、たまにトカゲの死骸に囲まれていた。雛は孵ったばかりで、差し当たってこうした贈り物の必要はなかった。貪欲ということではなく、獲物を捕ってくる雄が家族のためにどんな機会も無駄にしなかった結果である。とりあえず獲物を食べる必要のないときは巣とは別のところに隠しておくフクロウは多いが、計画的に獲物を捕まえてくることはできない。巣の近くに獲物を隠す習慣は、受け継がれていく類のものではない。消費されずに蓄積していく獲物の臭いは、他の捕食動物たちを引き寄せてしまう。

ニシアメリカオオコノハズクの雛が、苔の塊を鉤爪で摑んで遊んでいるような現場に出くわしたことがある。嘴でつつきながら、足で摑み、それから枝の向こうに落とし、林床に落ちていくのをわたしは見守っていた。食べる気はないらしく、足を出して摑み取り、しばらく弄んだ後で、落とすのだ。この無邪気な行動は、おそらくものを摑む練習、雛が餌を捕まえる練習なのだろう。実際、このたわいない遊びは日々の現実に乗り出す準備を、脅威を取り除いて行なっているように見える。

YouTubeで百万人以上に閲覧されているのが、もっとあからさまにフクロウが戯れている様子である。二〇一一年にスペインのタラゴナで撮影されたこの映像は、メンフクロウが猫と一緒に遊んでいるところを収めたものだ。どちらも楽しく遊んでいることがよく分かる。ゲブラと名づけられたメンフクロウが田舎道をパタパタと歩き、それを猫のフムが追いかけている。フクロウは猫の頭上を低空飛行し、猫はその下で飛び上がるが、ぎりぎりのところで届かない。猫の前にフクロウが舞い降りると、猫は襲いかかるつもりなのか駆け出して、今度はフクロウの上を飛び越えてしまう。猫が関心を示さないでいると、フクロウはさっと舞い上がって近づき、猫に鼻をすり寄せる。優しく羽づくろいをしたいと思っていた別のフクロウを相手にしているかのような仕草である。息継ぎなのか、中断した後でフクロウと猫はふたたび同じことをやり始める。フムは明らかに、ゲブラの我慢の範囲内で面白半分の動きを繰り返している。

生き延びるために、高次の生き物はいずれも、明らかな刺激に対する反射行動を超越した形で、自分たちの置かれた環境に関心を持っている。目にしたものや耳にしたものは生き物の記憶装置の中に整理して保存

ピュージェット湾の畔で休むシロフクロウ。

されるが、中には大事なものもあれば、それほどでないものもある。越冬するシロフクロウを観察すると、最初は物憂げに積み重ねられた白い羽毛かと思う。しかし望遠鏡でしばらく見ていると、用心している様子が分かってくる。両目とも瞼を閉じて細い線のようになっているが、上空を通過していく鳥に視線を向けたり、近くの音がよく聞こえるように体の向きを変えたりするときなど、かすかに頭を動かしているのが分かる。さっきまでは眠っているように見えたフクロウが、音を聞きつけると両目をぱっちり開けて、近くの草むらのある一点を見据える。その音が流木の反対側をうろついているハタネズミの立てる音であれば、フクロウは飛び立って音のしたところの上にとまり、状況を見守る。その好奇心が見返りにつながる場合、大きなフクロウは舞い降りて獲物を捕まえる。

ニシアメリカオオコノハズクは、小川の上の高いところから水中を飛ぶように動く影を認め、行

ザリガニを見つけたニシアメリカオオコノハズク。フクロウは、獲物の存在を教えてくれるどんな些細な情報でも嗅ぎ分ける能力を身につけている。

動を起こせばいい結果が得られると思えば、近づいて確認する。単に光がさざ波に反射していただけということもあるが、浅瀬で捕獲できるザリガニの発見につながることもある。

わたしたちも馴染みのある音を聞くと脳内に心象イメージが引き起こされたり関連する記憶が呼び戻されたりするように、フクロウも重要な意味を持つに至った音を記憶している。我が家に棲みついた雄のニシアメリカオオコノハズクが、巣の近くで白昼にうとうとしていたことがある。そこに、森の奥からオリーブチャツグミの美しい鳴き声が聞こえてきた。このときまで、そのフクロウは眠っていてアメリカコガラやゴジュウカラのさえずりにはまったく興味がないのだと思っていた。しかし、ツグミの歌がフクロウの記憶の呼び水となったようだ。これは追跡する価値のある獲物だ、と思ったのである。フクロウは目を大きく見開き、体の向きを変えて次のきっかけを待っていた。ツグミが歌い終える前に、フクロウは鳴き声が聞こえてきたほうに向かって飛び立ち、森の奥に消えていった。数分もしないうちに、灰褐色の雄のフクロウは弧を描くように陽光の中に出てくると、巣にしている洞の中に飛び込んでいった。捕まえたツグミを、待っている雌や雛に届けたのだ。

敵対するつがいから縄張りを守ることは、フクロウが営巣地を定めたり雛を育てたりするうえで、儀式の一部となっていることがある。ニシアメリカオオコノハズク、キンメフクロウ、ヒメキンメフクロウ、アメリカコノハズク、スズメフクロウにとって、具合のいい洞は戦う価値のあるものだ。ホルモンに刺激されたフクロウは気力がみなぎり、雛を育てたり狩りをしたりする場を確保するために持てる力のすべてを注ぐ。好奇心旺盛な博物学者が、アメリカワシミミズクの巣のあるところまで登っていくのはいいが、雛を守るために親鳥が怒り狂うことを想定していなかったというエピソードは枚挙に暇がない。「我が」ニシアメリカオオコノハズクの一羽が、襲撃目的で群れてくるカラス（どれもこれも自分より大きなカラスばかりである）の中の一羽を追跡したときは、雛を守ろうとするフクロウの行動の中でも特にドラマチックだった。

作家であり疫学者でもあるマーストン・ベイツが、この種やあの種の生物は人類にとってどんな価値があるのですか、という質問が聴衆から出て失望したときのことについて語っている。特定の昆虫の存在意義について疑義が唱えられたときには我慢の限界を超え、質問者に対して「あなたはどうなんですか」と質問で返したという。その訊き返し方はぶっきらぼうだったかもしれないが、彼の気持ちが分かる気がする。自分以外の生物の存在を、明らかな利益を自分たちにもたらしてくれるどうかという基準で正当化することにしか関心がないような態度には、わたしも我慢がならない。人間の健康に対して多大な貢献を果たしたベイツの業績において、最も重要な昆虫は蚊である。蚊の生活環にまつわる彼の研究は、一九三〇年代、四〇年代の黄熱病に関する疫学の大いなる発展に寄与した。科学者に話を聞くと、直接的なものにせよ間接的なもの

カラスに攻撃を加えるニシアメリカオオコノハズク。カラスが巣にやってきて雛を狙うと、親フクロウのアドレナリンはどんな恐怖にも打ち克つ。

にせよ、生態系の存続に不可欠な種同士が与え合う複雑な影響についてわたしたちが理解するようになったのは、ほんの最近のことだと言う人がほとんどである。

よく知られているように、それを否定する証拠があったにもかかわらず、フクロウやタカ、ワシは二十世紀に入っても害鳥と見なされ、定期的に駆除されていた。これらの肉食鳥は何千羽という単位でその胃を科学のために差し出し、消化した獲物がわたしたちの農業にとって悩みの種である齧歯類や昆虫であることを証明した。今日に至ってもなお、一部に無知がまかり通っていることには困惑させられる。多くの夜行性の哺乳動物と同じく、猫は飼われているものにしても野良猫にしても、鳴き鳥や狩猟対象の鳥の個体数の減少に大いに関係している。しかしそれ以上に関係しているのが、猛禽である。

一九〇〇年代初頭、ワシントンDCにあるスミソニアン研究所の関連施設に巣を作っていたメンフクロウを対象に、示唆に富む研究が行なわれた。研究によると、ある年の繁殖期に、その一家は少なくとも四百五十四匹の小さなネズミを捕食したという（フクロウのペレットの分析からもこの情報は確認できる）。そのうちの四分の三はハツカネズミで、あとの大半はクマネズミだった。こうした哺乳動物が政府所有のこの土地をそれまで占有していたことは推測できるが、害獣駆除という明らかな利益があるにもかかわらず、二十世紀のはるか後半になるまで、メンフクロウを保護する法律制定のための動きはほとんど見られなかった。

メンフクロウの貢献度がきちんと理解されるようになったのは、さらに百年近くが経ってからのことである。カリフォルニア州で行なわれた「メンフクロウと齧歯類プロジェクト二〇一一」が特に興味深い。害獣の数を抑制するうえでのメンフクロウの重要性を訴えるだけでなく、齧歯類を捕食するフクロウの能力をどう活用すれば我々の目的に適う形で協働できるかを示している。

ホリネズミとハタネズミが大量発生して甚大な被害を受けた百エーカーのブドウ園に、メンフクロウを想定した巣箱がいくつか設置された。つがいやその雛も含めて、一年を待たずに百羽を超えるフクロウが定着した。効果は即座に現われた。しかも絶大だった。容赦なく狩りが行なわれた二か月間で、約一万七千匹のネズミが捕食されたと見積もられた。結果として、ブドウ園の作物被害は激減した。

巣立った後のメンフクロウが十歳まで生き延びる可能性はほんの一パーセントにすぎないが、二歳になるまでには卵を生み、雄と雌と五羽の雛と合わせると、巣ごもりの時期だけで三千匹近いネズミを捕って食べる。

わたしが住んでいる郊外の町でネズミの数を抑制するためにフクロウが重要だと分かったのは、この森にアメリカフクロウが棲みつき、繁殖するようになってからのことである。ここに生息していたアメリカオオコノハズクは成長したドブネズミほどの大きさの齧歯類は捕食せず、メンフクロウもアメリカワシミミズクもこの辺りの水辺は棲むのに適していると判断しなかった。わたしたちが前の家に移り住んだ当初、ネズミは何年もの間、みなで共有する根深い問題だった。イエネズミなどはオイルヒーターのダクトにまで侵入し、ドブネズミは家具を噛んで開けた穴から入り込み、地下室の明かりをつけると慌てて逃げていくのがつねだった。雌のネズミは一年に五回の出産で毎回八匹の仔を生むので、わたしたちは絶えず罠を仕掛けては餌を置いていた。それが十年前に一定数のアメリカフクロウが森に棲みつくようになると、ネズミの数が目に見えて減少し始めた。フクロウのペレットを調査すれば理由は判明する。アメリカフクロウがいることで小型のフクロウもいなくなってしまったが、わたしたちにしてみれば費用をかけずに害獣駆除係として常駐してもらっているというわけだ。

農地を拡大するとなると、手早く整地して、商業目的で製造された肥料を定期的に使うことになる。農業生産を成功に導くには必要なことである。自然は何世紀にもわたって、はるかに緻密で繊細なやり方で栄養分を活用してきた。わたしは、北米の太平洋岸北西地区で産卵後の鮭が死んだ後、その死骸はいつ、どのように川や大きな水路を流れ、場合によっては獲物を漁る熊やワシによって森まで運ばれるのか、ということをよく考える。後に残った鮭の肉や骨、軟骨といった滋養の多い残骸は、水辺の動物や次世代の魚にとっての栄養分となり、この一帯の森の一部となる。鮭は太平洋岸北西地区で三年間の生命を全うした後、滋養のある死骸をそれまで自らを生かしてくれた小川や森に還しているのだ。これは自然界における互恵関係の典型と言える。

フクロウもまた、栄養分、特に窒素の仲介者と言える存在である。排泄物やペレットが生息環境の至ると

原生林に生息するマダラフクロウ。生息地である原生林が世界中で破壊され、存続が危ぶまれている種のひとつ。

人の手に乗るニシアメリカオオコノハズクの雛。フクロウの種の多くにとって、未来はわたしたちの責任の引き受け方次第である。

ころに分散するからである。複数の世代にわたって、こうした形で豊富な栄養分が植物に行き渡り、循環する。そしてわたしたちは、森に生きる植物や動物のこうした互恵関係の恩恵を受けている。健全な木立は水を濾過し、土壌を保全し、浸食を抑制し、周囲に氾濫する可能性のある水を湛え、二〇一四年にワシントン州西部で起きたような壊滅的な土砂災害を未然に防ぐ。森がその役割を果たしている炭素補捉や空気濾過、騒音緩和は、わたしたちが健全な環境で生活するためにきわめて重要なことである。

フクロウはその生息地において独特の地位を占めている。科学者にとっては特別な指標生物である。フクロウがいるかいないかで、その場所の健全性を計ることができる。たとえば北米の太平洋岸北西地区における原生林は、マダラフクロウが生息していれば申し分なしの状態と言える。マダラフクロウは、減少しつつあるこの比類なき場所でこそ繁栄することができる。マダラフクロウが生息可能である場合、それは原生林に生きる種々の生物にとって適正なバランスが保たれているという重要な指標であり、フクロウの狩りや繁殖、巣づくりに必要な条件を整えるために求められる生物の多様性が成立していることの証でもある。現存する原生林にとってそのような状態は、世界中を見回してもますます珍しくなってきており、驚くことではないが、原生林での生息に適応したフクロウも当然その姿を消しつつある。こうした森が縮小し消滅していくにつれて、こうした森の中にあってまだ解明されていない複雑な種の関係性や生物学的な多様性も、同様の運命を辿ることになる。科学や人類のためにも、これらを守っていかなければならない。さもなければ、目に見えるものも見えづらいものも、価値が明らかになることはない。

夜行性という習性や控えめな性格を考えると、フクロウは鳥類の中でも最も知られていない種のひとつと言える。科学にとっては、いつまでも解明すべき謎に満ちた存在である。解明を試みる過程において、愛情と責任をもって世話をする理由がまた新たに見つかることは間違いない。フクロウの並外れた視覚、聴覚、触覚、そして周囲の世界を認識する能力、それらがわたしたちとはまるで異なることからも、人類はフクロウから学ぶべきことがたくさんある。わたしの友人でもある芸術家のフェン・ランズダウンは、どうしてそんなにフクロウに興味があるのかと訊ねられると、「フクロウは飛べるが、わたしは飛べない。だからだ」と答えていたが、つまりはそういうことなのだ。

わたしたちが自らのことを分別ある存在だと信じるからには、現在においても将来においても、同じく理性的な存在に対して敬意を払う義務がある。フクロウが理性を働かせられるのかどうかと議論するまでもなく、フクロウは人類の幸福に欠かせない生態学的な役割を効果的に果たしてくれていると主張することはできる。個人的には、自分たちの世代がフクロウの幸福に無関心でいていいと言う権利はないと思うが、倫理的な人であれば、次世代以降の者たちにフクロウのいない生活を残していいはずがないということに賛同し

ニシアメリカオオコノハズクの雛を観察する子供たち。フクロウの一家と共に成長することは、実体験の中での学習機会となる。メディアを通じた疑似体験では得られないことだ。

てくれるだろう。フクロウは農業、あるいは健康な家庭生活に損害を与える害獣を目に見える形で抑制してくれるだけでなく、文学や芸術の分野で創造性豊かな心を刺激するという最古にして比類ない伝説を持っている。科学の分野で研究対象となると、研究はそう簡単には終わらない。世界がどのように回っているのか、つねに新しい情報を提供してくれるのがフクロウである。これらの種について知り、その真価を認めることで、ようやくわたしたちは自然界における自らの立場を理解できるようになる。自分たち自身のためにも、わたしたちにはフクロウの生命を守り、維持する倫理的な責任がある。そうすることで、フクロウを知り、共存するスリルと利益を将来の世代に残すことも可能になる。

長期にわたって高額の費用を投じ、現存する種のクローンをつくるための基金設立の会議を重ね、要請が繰り返されているのは皮肉なことである。最終的には絶滅した種を復活させられるほどの方法を検討しているのだ。収束を目指すべきときに、分岐していくかのようである。クローンの作成は人々の関心を実験室に集中させ、環境を悪化させて種の多様性を損ねてしまうという大きな間違いなど、絶滅種を生き返らせれば済むことだと主張していることと変わりない。必要なのは、科学と世間の支持をひとつの取り組みとしてまとめ、わたしたちの自然史において辛うじて残っているものを救い、きちんと面倒を見ることである。ウサギが手品師の帽子の中から引っ張り出されてくることはあったとしても、大事なのはウサギがどこに棲んで、どうやって暮らすかである。リョコウバトやハシジロキツツキの生息する世界が絶えて久しいが、フクロウに関しては、まだ生息できるところが残されている。

エスキモーの芸術家バックランドによる木彫りのシロフクロウ。住居に吊るすことを想定したこの作品は、古い象牙を嵌め込んだ木を彫ったものである。

第3章　フクロウとわたしたちの文化

一九九七年公開（日本では一九九八年）の映画『恋愛小説家』の中に、心身ともに深刻な痛手を幾度も被った芸術家（配役グレッグ・キニア）が、女性の見事なまでの曲線美を見て創作に対する情熱を突如として取り戻すというシーンがある。それまで感じていた疼きや痛みは、目の当たりにしている瞬間を永遠のものにしたいという激しい決意の中に呑み込まれてしまったのだ。「きみを描きたい。きみを見ていると、壁画を描きたくなった原始人の気持ちが分かる」。真実を言い当てている台詞だと思った。わたしたちが見たり感じたりしたことに対する情熱的な反応は、言葉だけで表わしきれるものではない。だからその瞬間に敬意を表し、確かなものにするために、わたしたちは芸術としての作品を残すのだ。

考古学的な証拠から判断して、フクロウもまた、原始人が壁画を描く理由となった存在だと言って間違いないだろう。三万年前、様式化して描かれた氷河期の哺乳動物の中に、ワシミミズクがある。フランスのショーヴェ洞窟の天井付近で、羽毛の房を垂直に立てて目を見張り、こちらを見据えている。後期更新世にこれを描いた作者を突き動かしたものがいくらか分かる気がする。わたし自身が感じるインスピレーションと大きく異なるものではないだろう。危険な夜を悠々と支配し、きわめて堂々と、力強く、音も立てずに飛翔するこの生き物を見ていると、現実的な関心事を超越したところで心が揺さぶられる。美的感覚がかき立てられ、この力強い美を描きたいという感情に刺激されて、作者はワシミミズクを永遠の中にとどめたのだろう。

その後、フクロウにインスピレーションを受けて制作された作品の例として、たとえばメンフクロウの顔をモチーフにした古代エジプトの彫像がある。実に正確に作られていて、主題となったフクロウに作者が注いだ関心の大きさが容易に見て取れる。エジプトの神には任命されていないものの、フクロウはミイラとして保存され、象形文字にもなっている。

二千年以上前、フクロウは教育的な目的で、サンスクリット語の動物寓話集『パンチャタントラ』の中に、非常に世故に長けた存在として登場している。カラスの王と、その敵であるフクロウとの間で続いていた諍いを描いたもので、この教訓的な寓話は実際にカラスとフクロウの間に存在する互いに対する敵意を正しく踏まえている。物語の語り手は、和解、衝突、撤退、駆け引き、策略といった手管に関する解釈を示したうえで、カラスの王が敵であるフクロウと対峙する際に採るべき戦略を示している。

古代ヘブライ人の間では、フクロウの地位はとても高尚と呼べるものではなかった。レビ記十一章十三節から十七節で、フクロウと他の肉食鳥は忌み嫌われるべき存在であり、食してはならないとされている。獲物との関係、それに廃墟に棲みつくことが多いということから、不浄な存在と見なされていたのだ。聖書の中でフクロウに言及している箇所はイザヤ書三十四章十三節から十五節にもあり、ここでは「山犬とふくろうの宿るところ」に追いやることで敵を滅亡させている。

一方でギリシア人は、謎めいていて人を寄せつけないフクロウを博識を体現するものと見なしていた。彼らにとって知恵の女神であるアテナは、肩にフクロウを乗せていたり、フクロウの紋章で側面を飾った兜をかぶった姿で描かれる。古代アテネで使われていた硬貨、紀元前五世紀のテトラドラクマ銀貨にも、一方の面にコキンメフクロウがあしらわれていた。実際、今でもギリシアではフクロウのデザインを施したさまざまな通貨が使われている。それでも、フクロウが象徴するものの重要性は市場での価値を超えたところにあった。ギリシア軍が闘いのために集結した際、部隊のいる上空をフクロウが飛べば勝利が約束されると信じられていたのだ。万が一、野生のフクロウが現われなかったときのために、いつでも放てるように籠に入れて一羽用意していたという説もある。

古代ギリシアから借用した女神のアテナがローマではミネルヴァと名前を変え、やがてフクロウの持つ意味も変わることとなった。古代ローマ人はフクロウの鳴き声を死の予兆ととらえていた。ユリウス・カエサル、アウグストゥス、コンモドゥス、アグリッパといったローマの皇帝や指導者の崩御の前にはいつも、近くでフクロウの鳴き声が聞かれたり姿が見られたという。当時のローマの農村では、迷信深い田舎の人々は嵐を遠ざけるためにフクロウの死体を吊るしていた。

世界に伝わるいくつかの神話を見渡せば、アビシニアからウェールズまで、七十以上の国々でフクロウにまつわる言い伝えが残っていることが分かる。その中には、家の近くで大きなフクロウを見かけたら、それはその家に強力なシャーマンがいる証拠で、そのフクロウはシャーマンと霊界を結ぶ使者だと信じるアフリカの部族文化もある。オーストラリアのアボリジニの間には、フクロウは人間が死んだときにその魂と結びつく存在だとする信仰がある。古代アラブ人は、フクロウは復讐を果たせずに殺された人間の魂だと信じ、その鳴き声は復讐を求める叫びだと考えていた。

ナインマイル・キャニオンなどユタ州のさまざまな場所にある崖に刻まれたフクロウの絵の規模や細部から判断すると、フリーモント文化におけるアメリカ先住民の芸術家がフクロウに大きな感銘を受けていたこ

石で造られたイヌイットのフクロウ人間。シロフクロウをモデルに、ケープ・ドーセット出身の彫刻家ラッチョラッシーは、この石像のテーマである人間的な側面を探ろうとした。

とは間違いないだろう。アメリカ南西部のホピ族の神話では、アナホリフクロウは聖なる鳥と見なされていた。地下の穴を好むことから、ホピ族の人々は黄泉の国の神の象徴だと考えたのだ。そうした地下での生活が、死者の世界や大地のエネルギーに対して直接的な接触を可能にするというわけである。ズーニー族は、フクロウの羽根には魔除けの力があると考えていた。フクロウの羽根を赤ん坊のそばに置いて、悪霊を追い払うのだ。現在も、北米の太平洋岸北西地区に暮らす先住民族は、祖先に敬意を表する手段としてトーテムポールの最上段にフクロウの像を彫りつけている。

極北ではエスキモーの芸術家が古来の伝統を受け継ぎ、象牙や鯨のひげ、木、石を素材として主にシロフクロウをモチーフに再現芸術としての彫刻を行なっている。決然として創意に富むこうした芸術家は、身近なものを使って作品を生み出す。ホッキョククジラの椎骨のひとつひとつが、シロフクロウの頭や胴体部分になるのだ。椎骨から飛び出している巨大な横突起は、見事に形を整えられて、広げた翼となる。

西洋では中世を通じて、フクロウは恐怖と感嘆の入り混じった気持ちで見られていた。英国では、フクロウの死骸を釘で家の扉や納屋に打ちつけて、中にいる家畜を守るために悪霊を追い払おうとした。しかしここでも、フクロウは賢明だとする古代ギリシアの解釈の影響力は大きく、『アーサー王伝説』にも取り入れられている。賢い魔術師であるマーリンは肩にフクロウを乗せた姿で描かれ、この時代を通じてフクロウは予言者や錬金術師の仲間と見なされている。フランスでは、妊娠中の女性がフクロウの鳴き声を聞くと、生まれてくる子は女の子だと信じられていた（わたしはこの言い伝えに特に興味がある。四人の娘を持つ父親として、子供たちが妻のお腹の中にいるとき、生まれたとき、そして子育て中に、私たち夫婦はつねにフクロウの鳴き声を聞いていた）。

フクロウの形而上学的な側面が人類の文化的な発想や文学に早い段階で組み込まれたと同時に、フクロウの体の各部位が興味深い形で利用されていた。人類の健康な生活を薬効により補うものとして、さまざまな活用方法が提案された。フクロウの卵は特に注目されていた。四世紀にギリシアで書かれた呪術的医療行為について編まれた『キュラニデス』には、欠けていく月の下でフクロウの卵を使って作ったスープは癲癇《てんかん》に効くとされている。フィロストラトゥスの『アポロニオスの生涯』に出てくるアポロニオスの知識については議論の余地が残るが、フクロウの卵を食べるとワインを受けつけなくなると書かれている。ヨーロッパには、この教えをさらに推し進めた地域がある。フクロウの卵はアルコール依存症の治療薬として使えるだけでなく、子供に与えれば大きくなっても酔っ払いにならないとされたのだ。一六三五年、ジョン・スワンは『世界の鏡』の中で、フクロウの部位を使うことで治る病気を列挙している。痛風には羽根を、麻痺や毛虱には血を、おねしょには胆汁、偏頭痛には骨髄を、という紹介も散見された。

フクロウは市町村や区、一族の紋章にも採用されている。特にヨーロッパの各国で、楯の紋章となって所

納屋の扉に釘で打ちつけられたメンフクロウ。ヨーロッパでは、十九世紀に入ってもなお、悪霊を遠ざけるためにフクロウを殺して納屋や家の扉に打ちつけていた。

英国オールダム地区のフクロウをあしらった紋章。ラテン語で書かれているのは、勇気を出して、自分で考え、やるべき仕事に全力を尽くすことの勧め。

有者の権力や知力、公正さを示している。英国の都市の紋章の中では、リーズ市のものが際立っている。よく見かけるようなユニコーンやライオンを空想的に描いたものではなく、堂々とした三羽のフクロウがまっすぐ前を向いてこちらを見据えているのだ。一六三五年、オックスフォード大学のジョージ・ウィザーは、同国人の間でのフクロウの神話的な地位に目をつけ、『古今エンブレム集』を制作した。彼はフクロウを、何よりもさまざまな美徳や様相を象徴する存在として描いた。知力の象徴として本の上にとまっているところや、沈着の象徴としてカラスのモビングを受けて混沌とした中でも満足そうな表情を浮かべているところ、死すべき運命の象徴として人間の頭骸骨の上にとまっているところなどが描かれている。

フクロウに注目し、神話や民間伝承での地位を印象的な隠喩としてふんだんに利用し、舞台を展開したのはシェイクスピアである。そうした例はたくさんあるが、その中からいくつか紹介すると、たとえば『ジュリアス・シーザー』の第一幕第三場がある。差し迫ったシーザーの死に際し、キャスカにこう主張させている。「そう言えば昨日、夜の鳥であるフクロウが、真昼間だというのに広場におりてきて、やかましく鳴き立てていた。こういう前兆が、いちどきに起こっているのだ」。『マクベス』の第四幕では、悪事と凶運の前兆としてフクロウが登場する。魔女の一人である化物鳥はフクロウに姿を変えられ、ダンカンが殺害されたときに舞台袖でその甲高い鳴き声が聞こえる。さらにマクベスの堕落と運命の受諾を示唆するものとして、シェイクスピアはフクロウの予言的な鳴き声を何度も繰り返し聞かせるあまり、「夜を突ん裂く叫び声に、背筋を凍らせたものだった……」と言わせている。そして、今もわたしたちがさまざまな言い回しを日常的に使っているように、シェイクスピアは「夜のフクロウ」という表現を初めて効果的に使った一人である。『ルークリース凌辱』では緊張感を出すために、「鳩は早々と眠りに就き、この夜のフクロウが捕まえるだろう」というくだりがある。『リチャード二世』には、「揚げヒバリが歌うべきときに夜のフクロウが鳴く」とある。

ルネサンス期が到来すると、彫刻家や画家は比喩的な意味を加えるために作品の中にフクロウを組み込むようになった。フクロウをいかに解釈するかで、見る者にこの鳥の美と威厳を深いところで理解させるのだ。ある程度までは、こうした解釈のおかげでフクロウは不可解さという領域から出てきて現実の光を浴びることにつながった。

ミケランジェロは、どっしりした本物そっくりのメンフクロウを大理石に彫る機会に恵まれた。このメンフクロウは、《夜》と題された大きな彫刻の一部として、ジュリアーノ・デ・メディチの墓に彫られた。横たわる女性の曲げた足の隙間に押し込まれて、メンフクロウはどこかにつながる入口のようにも見える暗い空間を塞いでいる。フクロウが日中そこにいて、夜になると出てくる場所にも似ている。ミケランジェロは基本的な形から種を特定できるように細心の注意を払っているが、フクロウの顔の独特の羽毛の形状と生え

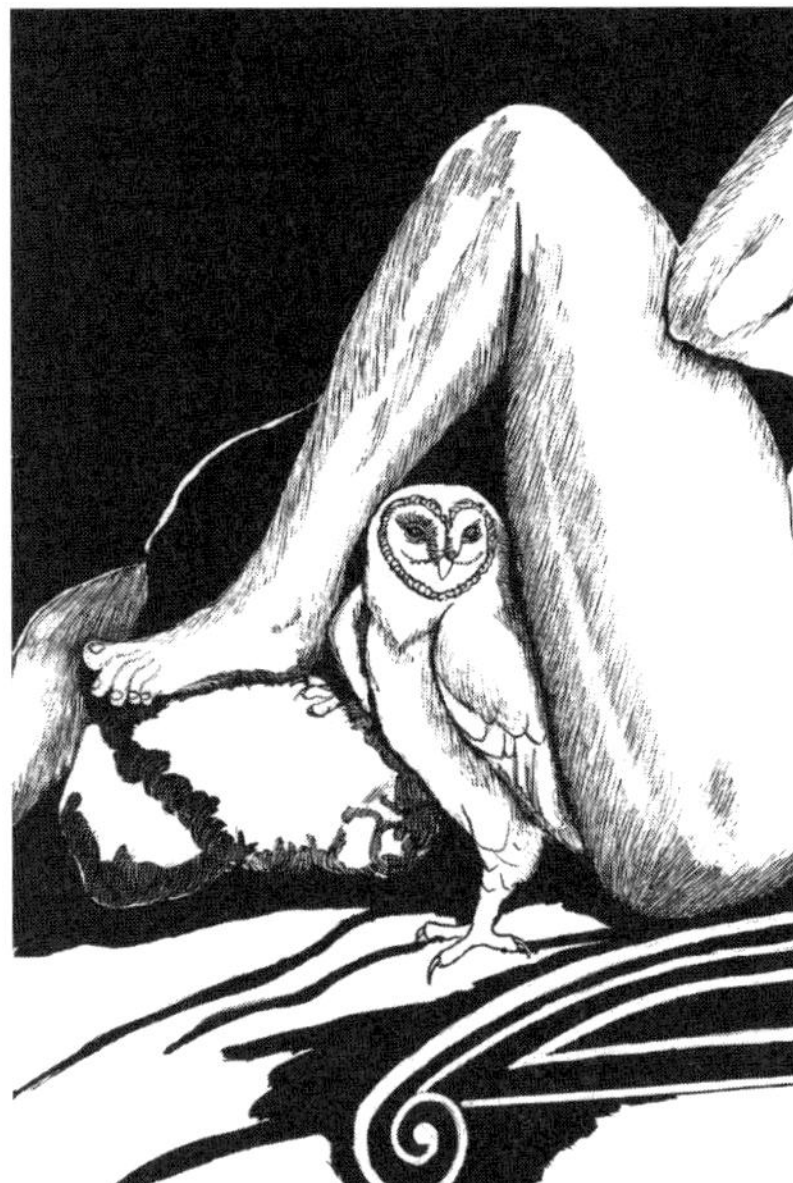

ミケランジェロの《夜》の中のメンフクロウ。1526年から31年にかけて制作された。この見事に彫刻されたフクロウは、作品のタイトルを隠喩的に体現している。

方、それに翼の羽毛の層にはとりわけ気を遣っている。まるで暗闇から登場するところであるかのように片足を伸ばし、もう片方の足は動きを支えるために高いところに置いている。ミケランジェロが仕事場でメンフクロウを飼って参考にしたことも十分に考えられる。そのくらい、この鳥の習性や行動を明らかに熟知していた。

ヒエロニムス・ボスの絵を子細に観察してみれば、フクロウの姿が周囲の混沌とした出来事の目撃者の役割を担っていることが分かる。フクロウの描かれる位置は、主題に関する判断に影響を与え、美術研究家に対しては解釈の可能性をいくつも与えて検討させる役割があることを示している。アルブレヒト・デューラーは若い頃、象徴としての可能性を開拓するよりも、美の対象としてフクロウを解釈しようと試みた。自らの才能と関心を対象に傾けて描いたコキンメフクロウの肖像は、フクロウを描いたものとして芸術的に今なお史上最高の直接的解釈として誉れ高い。

フクロウは童謡のテーマにもなってきた。おそらく、傲慢とも言えるほど尊大に見える姿に対する反応なのだろう。特に有名なものでは、エドワード・リアの『ナンセンスの絵本』に次のような四行詩がある。

フクロウと仔猫が海に出た
薄い緑色のきれいな小舟に乗って
蜂蜜を少しとお金をたっぷり
五ポンド紙幣に包んで

イギリスの週刊諷刺雑誌「パンチ」に掲載された作者不明の短い詩は、諷刺的でありながら実に核心をついている。

年老いたフクロウが樫の木に棲んでいた
知れば知るほど口を閉ざし、
口を閉ざせば閉ざすほど多くを聞いた
ああ、我々もみなあの賢明な鳥のようであったなら

フクロウがいつどのようにして神話の世界から現実の世界に居場所を移したのかを考えるにあたっては、江戸時代の日本の絵師たちがこの鳥をどう描いたかに着目することが重要である。一六一五年から一八六八

年まで二百五十年以上の長きにわたって、道教、神道、そして仏教の信仰が混じり合い、アニミズムも加わった思想に影響を受けた作品を彼らは生み出してきた。フクロウは、その生息環境という全体の中に取り込まれていた。それが森林地帯であれ川辺であれ、あるいは広大な渓谷であれ、フクロウは自然の風景全体の中の一部として描かれた。こうした類いまれな絵を見ていると、絵師たちはフクロウのようになろうとしていたということ、自然と調和しようとしていたことが感じ取れる。フクロウと周囲の環境がひとつになっているのだ。

十九世紀初頭までには、西洋思想におけるフクロウの評価はより客観的なものへと方向転換している。とりわけ芸術が科学と結びつき、あらゆる自然を対象にしたことでその傾向は強まった。ダーウィンの時代が到来し、神話や恐怖で覆い隠すのではなく、フクロウは研究し、称賛する対象となったのだ。博物学者であり芸術家でもあるアレクサンダー・ウィルソン、そしてジョン・ジェームズ・オーデュボン、ジョン・グールドは、地上の鳥類に関する知識と審美眼を向上させていった。オーデュボンは江戸時代の絵師たちの影響を受けた作家だが、生き生きと見事に描かれた彼の傑作の数々は、北米に生息するフクロウが持つ幅広いスケールと美を、かつてない形で伝えている。

アメリカでは、詩的な雄弁さをもってこのテーマを取り上げた最初の作家の一人がヘンリー・デイヴィッド・ソローである。ソローは日記の中で、アメリカワシミミズクの鳴き声を原始的な教会の鐘の音色のようだと記している。「遠く広がり、辺りを正しく包み込む……壮大で、太古から聞こえてくる、土地に固有の音」。それから半世紀が経ち、自然をテーマに執筆し、当時人気を博した作家のジョン・バロウズは、自分の農場とフクロウについて書いている。フクロウに対する敬意と好奇心に満ちた彼の文章を読むと、自分も自然の中に分け入ってフクロウを探してみたくなる。

地球上でわたしたちと共生する生き物に対する理解を深めようと、科学は世界のいたるところで標本を観察し、取り戻そうと躍起になっている。一九〇〇年代初頭には、人目を避けて暮らすこの鳥類が研究目的で実にさまざまなエリアや生息地で収集され、描写されたため、フクロウ目は劇的に多様化した。

二十世紀半ば頃までには、フクロウは西洋の映画芸術の世界にも居場所を見つけていた。ディズニー・スタジオは賢明な老フクロウを取り入れて漫画のストーリーに厳粛さを加え、のちに何種かのフクロウの生活にスポットを当てた自然史映画を制作している。大人向けのものも子供向けのものも含めてホラー映画では、フクロウのシルエットや鳴き声を挿入することで、サスペンスとミステリーの雰囲気を醸し出している。しかし、フクロウをよく知る者にとってしばしば気を散らされるのは、音響担当者がそれを正しく使用していることがめったにない点である。特に吸血鬼映画で、不安や恐怖を煽るために使われているフクロウの鳴き声が、実はアフリカジュズカケバトのものであることがよくある。おそらく観客の中でそれに気づいている人はほとんどいないだろうし、こうしてフクロウの鳴き声として使われているものが恐怖の雰囲気を作り出すうえでやはり効果的であることも事実である。

超自然現象を扱った一九七三年公開（日本では一九七四年）のホラー映画『エクソシスト』を観たとき、わたしの友人であり鳥類の肖像画家でもあるフェンウィック・ランズダウンの本に載っていたフクロウの挿絵が使われていて驚いたことがある。監督はそのシーンで身の毛のよだつ雰囲気を出そうとして、ランズダウンの『北方林の鳥』第一巻収録のカラフトフクロウの全身と顔のアップが浮かび上がるようなカメラワークを指示したのだ。ランズダウンによるフクロウの絵はそれだけでも見事なのだが、映画のストーリーという文脈の中に置かれると、不吉な要素が増幅していた。フェンウィックがこの映画を観たとは思わないが、この使われ方であれば気を悪くはしないだろう。

Ｊ・Ｋ・ローリングの『ハリー・ポッター』シリーズ全七巻と、続いて制作された一連の映画では、知識の源としてフクロウが実に効果的に用いられていた。『アーサー王伝説』の魔術師マーリンからヒントを得たのだろう、ローリングはあらゆる種類のフクロウを用いて、登場人物の間に連絡網を築き上げていた。シロフクロウのヘドウィグはハリー・ポッターが信頼を寄せる友人で、物語の中で他の主要登場人物たちと連絡を取る役割を果たす。カラフトフクロウやニシアメリカオオコノハズク、コノハズク、ワシミミズクはすべて小説と映画の登場人物と結びついていた。フクロウは知識の泉だとする昔ながらの考え方を踏まえて、フクロウたちは「日刊予言者新聞」と「ザ・クィブラー」誌の配達を任されていた。

今日では、フクロウの姿はかつてない規模で、絵画や彫刻、そして写真に美しく再現されている。故人も含めて、フクロウを見事に、かつオリジナリティ豊かに取り上げた現代芸術家を列挙し、解説しようとするとあまりに広範な作業となってしまい、もう一冊本を書かなくてはならなくなるだろう。あえて言うなら、リアリズムから抽象表現主義まで、あるいはスウェーデンのブルーノ・リリエフォッシュの巨大な印象主義的カンヴァスからピカソやミロ、カンディンスキーら抽象画家の作品まで、フクロウは芸術的に解釈され、何世紀にもわたってさまざまなメッセージを伝え、インスピレーションを与えてきたということである。

わたしたちの文化が発展していく中で、フクロウはこれからもその存在意義を維持し、とりわけわたしたちの芸術表現に影響を与え続けることは間違いないだろう。わたしに関しては、作家としても芸術家としても、長く影響を受けてきた。本書が実現したのも、フクロウによる影響が勢いと切り口を与えてくれたからである。そのことを心に留め、わたしにこれほどまでに刺激を与え、芸術家としてのキャリアの大半を注ぐように仕向けたフクロウとはいったい何者なのかということを、細部においても具体的に表現できればと思っている。

石膏でできたアメリカワシミミズク。個体の標本から直接型を取ったもの。石膏の半身像は、ブロンズで実物大に鋳造する際に型として利用される。

わたしは北米太平洋岸北西地区に移り住んでまもない頃、森に出かけていき、そこに潜むものを発見しようとした。そこにフクロウたちが待っていた。わたしは二十代前半で、一九六〇年代に突入したばかりのことだった。理想を追い求める大学生は他にも多くのテーマに直面していたが、汚染され、荒廃した地球を憂うようになったのもこの頃である。レイチェル・カーソンの『沈黙の春』は、農薬が野生生物に与える影響について警鐘を鳴らし、猛禽類は毒素を体内に貯めこんでしまうため特に影響を受けやすいと指摘していた。フクロウは食物連鎖の頂点に君臨するこのグループの一員であり、すぐに研究を開始してスケッチを残さないと、絶滅してしまえば次の機会はないのだと思った。

幸運にも、法律の制定と施行、情報公開のおかげで、猛禽類はこうした脅威をあらかた切り抜けることができた。個体数は減少したものの、なんとか維持している。しかしふたを開けてみると、フクロウの姿を再現しようとしたわたしの当初の試みは、フクロウのさらに繊細で興味深い側面を開拓する結果となった。また、こうした初期の作品は、出版物や展覧会を通じてご覧いただいたことで、フクロウの運命に関してしばしば真剣な議論につながった言葉を超えることができたとわたしは思っている。当時のわたしは、人々の関心や注目に値する魅力的な生き物のイメージを世間に広めるべく全国の芸術家が展開している活動に、控えめに参加しているだけだった。議論をするよりも、こうして美に重きを置くことでより見識のある有権者を育成していくことになると、わたしは信じるようになった。落ち着いて論理的な議論を行なう気運が作り出されたのだ。

何種かのフクロウが生態学的に危機的状況にあるということは、わたしがフクロウに魅了される理由の一部でしかない。フクロウは相変わらず謎めいた存在で、わたしがフクロウを絵に描いたり彫刻の主題としたりするのは、フクロウについて知っていることがあるからというよりも、その性質や行動についてまだまだ解明すべきことがたくさんあるからだ。本書を通じて述べているように、フクロウは人目につかずにいられるようにわたしたちと距離を保つ習性がある。色合いは地味で、羽毛の模様は周囲に紛れるようになっているため、容易には見つからない。もっと近づきやすい種に比べると、わたしたちはフクロウの行動についてほとんど何も知らない。こうしたすべてが、フクロウと関わり合い、もっと知りたいと思わせる魅惑的な誘因となっているのだ。創造的な反応をすれば、その先には新鮮な発見とさらなる理解が待っている。その冒険は実に濃密で、その結果を共有することは副次的な喜びでしかないこともある。

フクロウの身体的な特徴は、見る者から創造的な反応を引き出す。わたしは鉛筆を持って紙に向かったり、鑿《のみ》を持って石に向かうことで、フクロウであるということは一体どういうことなのか、それをできるだけ再現しようと試みているのである。わたしはこの鳥を他の鳥類と区別する「フクロウであること」の解明に着手した。幅広の顔に嵌め込まれた大きな目、胴体の上に垂直にくっついた頭など、フクロウがわたしたちと向かい合ったときの平然とした姿勢のせいで、フクロウは鳥類の中で最も人間らしく見える。自然の中で、奥まった暗闇からフクロウに見つめ返されると、わたしたちは自らの原点に思いを馳せる。これがきっかけとなって、フクロウの独特の顔つきの細部を探究することになる。わたしは、嘴の両脇から内側に向かって曲線を描く隆起した羽毛など、フクロウの顔立ちに魅了される。両目を取り囲む特殊な羽毛が幅広の楯のようになっていて、取り込めるかぎりの光や周囲の音を集める役割を同時に担っている。フクロウの足は、シロフクロウのように長いレースのような羽毛でふかふかと覆われているか、メンフクロウのように細長い足が剝き出しになっているかのどちらかだが、いずれの場合もエレガントで、鋭い鉤爪はその形状を見るだけで、どういう役割を持つものかを雄弁に物語る。

フクロウの形やシルエットと同様に独特なのが羽毛で、色合いや模様が実に繊細である。密やかに暮らすことが前提になっているということなのか、驚くほど強烈な色でもなければ、羽毛もアメリカムクドリモドキやショウジョウコウカンチョウ、アオカケスのように対照的な模様にはなっていない。控えめな外見だが、暖色のグラデーションと複雑な模様が魅力的で、芸術家としては表現したくなる気持ちを抑えられなくなる。

わたしは人生において、フクロウに近づくことでそれまでになかった類の感謝の念を持つことができた。感覚の鋭い動物はみなそうだが、フクロウの姿勢や仕草も、そのときどきの感情を反映している。わたしは、フクロウの外見や大きさを伝えるために絵を描くということ以上に、フクロウへの理解を深めたいと思っている。フクロウの仕草についてもある程度は理解しているので、彼らの感情にふさわしい作品を制作するように心がけている。フクロウは探求心旺盛で、遊び心があって、怒りを内に秘め、断固としていて、瞑想的ですらあるとわたしは思う。芸術家の一人として、フクロウのこうした行動を確実に伝えられる作品を創作する責務がある。テーマを擬人化しないというのは簡単なことではないが、フクロウについて知れば知るほど、自分たちとフクロウとの間に共通するものを発見することになる。フクロウと共にいる喜びを持っているかぎり、フクロウはわたしたちの創造力を刺激し、情報を与え、わたしたちの中の芸術家としての部分に訴えかけてくる。そしてわたしたちは、フクロウを賞賛せずにはいられなくなる。

梁にとまったつがいのメンフクロウ。

第4章　人間と共生するフクロウ

フクロウは一般的に、「属」により分類を行なう。そうすることで、フクロウ同士の関係性を明らかにすることができるが、この多様な種を考えるにあたって、方法は他にもある。大きさによる分類もそのひとつで、非常に大きな種もあれば、中型の種も小型の種もある。ある程度までであれば、狩りの方法や獲物の好みで分類することも可能だ。個人的には、生息が確認できる場所で分類するのが面白いと思う。特に、フクロウがいかに人間と密接に関わり合いながら共進化を遂げてきたかということに興味がある。

世界の多くの地域で、人間と生息環境を共にしてきた種がいくつか存在する。数千年をかけて、人間の活動に対する耐性を持つに至っただけでなく、人間が特に意識しないままフクロウたちに提供している狩りと繁殖のための環境を活用できるようになったのだ。

人間と共に暮らすことを選択したフクロウの中で最も成功しているのが、メンフクロウだろう。北米、ヨーロッパ、そしてアジアに至るまで、この種は人工の建造物を棲み処とし、わたしたちの生活習慣によって小型の哺乳動物を欠かさず得られる結果となっている。ヒガシアメリカオオコノハズクとニシアメリカオオコノハズクはともに、人間が作り上げた都市の周辺に生息し、十分な食料を確保している。キツツキが作った木の洞はないが、家族を養うための巣箱をすんなりと受け入れる。アメリカキンメフクロウも同様の理由から、人間の生活圏の近くにある森林地帯に生息している。コミミズクとトラフズクは、どちらももっと広い範囲に分布しているが、わたしたちが居住する地域の近辺に広がる野原や草原で快適に狩りを行なっている。攻撃的なアメリカフクロウは北米全域に分布範囲を拡大し、各地の公園などに住みついている。棲み処を選り好みしないアメリカワシミミズクは、未開の深い森の象徴のような存在だが、都心に出てきてそこでの生活に順応している。

目立たず、実態がよく知られていないこうしたフクロウがわたしたちの近くで空間を共有しているわけだが、それに気づいている人間は少ない。有害な小動物の個体数が抑制されているのはフクロウによるところが大きく、またこの鳥の鳴き声を聞いたり姿を見たりすればインスピレーションが湧いてくる。しかしフクロウたちにも限界があり、種の多様性や個体数を維持するには、生息環境を慎重に管理し、彼らの健康を脅かす有毒物質の使用には十分に気をつけなければならない。

メンフクロウ（*Tyto alba*）

わたしが十代の前半だった頃、家族でサンフェルナンド峡谷のふもとから、隣接する丘陵地帯にある渓谷に引っ越した。ここではメンフクロウの甲高く耳障りな叫び声が、アメリカワシミミズクの「アフー、フー、フー」という鳴き声と共に、わたしたちの過ごした夏の夜の風物詩だった。メンフクロウのしわがれた叫び声を耳にすれば、それが頭上を飛んでいるときでも、ヤシの木や建物やユーカリの木立などの暗く引っ込んだところにとまっているときでも、大いに想像をかき立てられた。中学生になる頃には、わたしは友人たちと一緒に自転車に乗ってフクロウの巣を探しに出かけるようになった。雛を一羽でも育てることになったらそれは大した冒険だろうなと思っていたが、果たしてそのとおりだった。

一緒に出かけていた仲間の一人に、父親がハリウッドの映画制作現場で働いているという友達がいて、その父親から、近くにあるいくつかのスタジオでフクロウが巣を作っているという話を聞いた。真偽のほどはさておき、そんな話を聞かされると、ユニバーサル・アンド・リパブリック・スタジオの裏のフェンスを越えて不法侵入せずにはいられなくなった。ほとんど使われることのなくなった無人の古いセットは、メンフクロウが巣をつくるには絶好の場所と思われた。

保安官の詰め所や雑貨屋、スイングドアのある酒場の書き割りでできた古い西部の町並みを模したセットの中に、フクロウの巣を発見した。酒場の裏に入ると、テーブルやスツールを積み上げた上の垂木に一羽のメンフクロウがとまっていた。テーブルやスツールは、エル・ポータル・シアターで最近見た西部劇で使われていたものに違いない。ジョン・ウェインやボブ・スティール、フート（!）・ギブソンが酒を飲み、カード遊びをしていた辺りに、フクロウの糞がたくさん落ちていた。巣は隅のほうにあると目星をつけ、垂木に登ってみた。小さな棚があって、フクロウの一家はそこに棲みついていた。大きさも成長の度合いも異なる雛が四羽いた。あとで触れるが、これはどのフクロウの家族にも見られることで、雌は最初に産んだ卵から抱卵することによる現象である。一番大きな雛は頭を前後に振り、体を左右に揺らし、怒ったような声を出したが、そんなことで挫けるわたしではなかった。その雛をつまみ上げ、母からもらってきた柔らかいバスタオルで丁寧にくるみ、大きな紙袋の底にそっと置いた。

これはお勧めできる行為ではない。何も壊したりはしなかったものの、私有地への不法侵入であることには変わりなく、それに野生の鳥を捕まえることは今なら法律違反になる。十分な理由があっての法律だ。しかし振り返ってみても、これはわたしがこの素晴らしい鳥の研究と表現に没頭することになる契機となる出来事だった。雛が成長するにつれて日に日に騒々しくなっていっても我慢してくれた親にも感謝している。囲いの掃除もしてくれたし、数か月後に野生に帰したときは、当然訪れた哀しみも分かち合ってくれた。このフクロウと一緒に過ごしたことで、親フクロウの代わりとして生き餌を与えることができたのはいい経験だった。野生に帰れば、生きていくために獲物を捕まえられるようにならなくてはいけないのだ。

分布域と生息環境

メンフクロウは他のどの種よりも、人間の営みによる利益を享受していると思う人もいるかもしれない。わたしたちが居住区域を広げて活動を拡大するにつれ、メンフクロウは人間のいるところには必ず生息してそのゴミを漁る齧歯類の群れを捕食してきた。メンフクロウはどの大陸にも生息し、人類と共進化を遂げ、その習性を適応させて主に夜行性のハンターとなった。人間との接触は可能なかぎり避けながら、メンフクロウはわたしたちの身近なところにある建物の中に、適当なねぐらや狩りや巣づくりのための場所を見つけている。

世界中の温暖な地域に生息するメンフクロウは、アラスカを除く北米大陸のアメリカ四十八州、南下してメキシコ、さらに中米、南米と広がるエリアの中でも、より開けた生息環境を好む。肢が長く齧歯類を捕食するこのフクロウは、田舎でも郊外でも巣を作り、獲物さえ見つかれば都心にさえも棲みついてしまう。

北米に生息するメンフクロウの分布図。

食生活

メンフクロウのペレットは、高校の生物学の授業においては頼みの綱である。適度に乾燥させたペレットは基本的に無菌状態で、分析すればメンフクロウが丸呑みした獲物の残骸を明らかにすることができる。頭蓋骨や骨や羽毛がきれいなまま完全に残っているのを見ると、生徒たちはメンフクロウの驚異的な消化能力を正しく認識することになる。さらにその経験は、地域の害獣を抑制するうえでこのフクロウがいかに重要な役割を果たしているかについて、深い理解を促す。

メンフクロウの生息地や小型の哺乳動物の個体数にもよるが、このフクロウはジリスやハタネズミの他にも、マツネズミ、ペンシルヴェニアハタネズミ、トビハツカネズミなどを幅広く捕食する。メンフクロウは力が強く、マスクラットやマダラスカンクくらいの大きさの哺乳動物、アメリカササゴイほどの大きさであれば鳥類を捕まえることもある。

鳴き声

メンフクロウは豊富な鳴き声のレパートリーを持っている。最もよく聞かれるのは、餌を欲しがる雛たちのいななくような鳴き声とさえずりで、警戒した、もしくは怯えたときのシューッという鳴き声、それに軋るような耳障りな叫び声は、縄張りを主張したり、つがいの相手との接触を保つために成鳥が出す脅しや不快を表わす鳴き声である。

求愛行動と巣づくり

分布域の一部では、一月になると一雄一雌のメンフクロウによる求愛行動が始まる。雌は雄から提案された複数の営巣地の中からひとつを選び、そこで一度に五つから七つの卵を産む。一年間で、一組のつがいは一孵り以上の雛を育てるが、巣立つまでに育った一孵り目の雛に雄が餌を与えているうちから、雌は二孵り目の卵を抱いている。

本来なら洞や奥まったところが望ましいのだが、営巣地は広範囲にわたる。岩がごつごつした崖や、鐘楼のある教会の尖塔、ときにはカラスの巣を利用することもあるが、それ以外にも、放置されたままの建物も主な棲み処となる。嘴で巣穴を開けるフクロウもいるが、巣箱があれば間違いなく巣箱を選んだに違いない。最初の卵を産んだときから始まる抱卵期間は、二十九日から三十四日続く。孵化は同時には起こらず、一つ目の卵が二十一日から二十四日の間に孵化する。二週間以内に、最初に孵化した雛が歩き始め、翼をぱたぱたさせながら巣の中を動き回るようになる。八週目に入ると、餌は両親からもらうものの、雛たちも巣の近くを飛び回っている。三か月目にはほぼ親から独立して、自分たちで獲物を捕まえるようになる。

脅威と保護

縄張りと猟場をめぐってアメリカワシミミズクと敵対している一部の地域では、メンフクロウは獲物として捕食され、競争から排除される。ヨーロッパでは、メンフクロウはイヌワシやオオタカ、ハヤブサ、それにワシミミズクの餌食となっている。

フクロウはどの種でもそうだが、自分たちの選択した生息環境が損なわれた場合、個体数は減少する。小さな農家の納屋が、大規模な農業活動やそのための施設の建設用地となって取り壊されると、メンフクロウがねぐらや巣として利用していた場所が減ってしまう。こうした場所がなくなると、フクロウは棲むところがなくなって、齧歯類の数を抑制するという役割も果たせなくなる。

抗凝血作用のあるワルファリンを用いて齧歯類を駆除する殺鼠剤が、メンフクロウの生命力にも影響を及ぼすのではないかという懸念がある。フクロウが毒物を摂取した齧歯類を捕食すると、今度はフクロウが化学物質を体内に貯め込んでしまい、深刻な結果を招くことにもつながる。中西部のいくつかのメンフクロウの個体群で確認されたように、卵殻が薄くなり、それはつまり、農薬は食物連鎖を通じてフクロウにまで害を及ぼすということなのだ。こうした状態は、前世紀に殺虫剤のＤＤＴが猛禽類に及ぼした悪影響と何ら変わらない。

メンフクロウが迷いなく巣箱を利用するということは、適当な営巣地が手に入らなくなった将来のあり方を示している。齧歯類の数を抑制するためにフクロウの個体群を農業環境の一部として取り込む手法は、その効果が記録され、知識として共有されることで、軌道に乗りつつある。人類に対するフクロウの貢献について一般の人たちに情報を提供することは、この種の将来を保護し、世話をするうえで大きな意義がある。

個体数動態統計

メンフクロウにとって、生まれてから最初の数年は難しい時期である。寿命は十年だが、そこまで長く生き延びる可能性はきわめて低い。足輪をつけた五百七十二羽のメンフクロウを対象にしたある調査の結果、回収されたフクロウの死亡時の平均年齢は二十一か月だった。この種についてヨーロッパで行なわれた研究でも、一年目での死亡率が七十五パーセントという同様の結果が出ている。一方で、三十四年生きた野生の個体の例もあり、環境さえ整えば長生きできることを示している。

体長　三十五・五〜五十一センチ
翼開長　一・一〜一・二メートル
体重　四百八十二グラム

ヒガシアメリカオオコノハズク (*Megascops asio*)

ある冬の夜、雪をかぶった道路脇の土手に、翼を広げたヒガシアメリカオオコノハズクが落ちていた。ミシガン州で馬の一団が引くそりに乗っていたところ、そりの上部に取りつけたランタンの光が照らし出したのだ。八歳のときのこの光景は、ロマンチックな記憶として残っている。馬を止めて走って引き返し、拾い上げたときに初めて触れたフクロウの柔らかでしなやかな感触が、その記憶をいっそう忘れられないものにした。伯父の家のキッチンの明かりの下でそのフクロウをよく見ているうちに、繊細な美とはどんなものなのかという発想がわたしの中に芽生えた。胸部、翼、背中、頭部にわたって、黒や灰色や白がさまざまな模様を作り出していて、色数は多くなくとも、芽生えたばかりのわたしの芸術的側面はその羽毛に魅せられた。わたしの指を引っかいた鋭い鉤爪をいまだに覚えている。羽毛に包まれたこの鉤爪で何を捕まえるのか、どうやって捕まえるのかと思ったものだ。のちにわたしは剝製術の通信教育を受けるが、このときはまだそうした知識がなかったので、そのヒガシアメリカオオコノハズクを手元に残しておくためにわたしにできたのは、翼を切り取ってスーツケースに入れ、南カリフォルニアの自宅に持ち帰ることだけだった。今でもそれを持っている。初列風切羽を縁取る消音効果のあるしなやかな羽根は無傷で、六十五年以上前に初めて触れたときと同じ美しさを保っている。

分布域と生息環境

ヒガシアメリカオオコノハズクには、現時点で五つの亜種が確認されている。基本的にはいずれも、北米東部の広範囲に渡る生息地の中でも樹木に覆われた地域を好む。このフクロウは適応能力が高く、北はカナダの北方林の南端から南は北米大陸の中央部まで、東海岸に沿っては南部に至るまで、グレートプレーンズの渓谷沿いに西に向かい、さらに南下してメキシコ東部に至るまで、各地で生息が確認されている。

これらの中程度に小型のフクロウは、(異種交配の相手にもなる)同じ属に属するニシアメリカオオコノハズクと同様、巣づくりや狩りに必要なものが揃っているということで、人間が暮らす近辺を棲み処にすることを厭わない。渡りをしないため、一年を通して縄張り内で確認できる。

食生活

ヒガシアメリカオオコノハズクが捕食する獲物は実に幅広い。何かもぞもぞと動いているものがあれば、

北米に生息するヒガシアメリカオオコノハズクの分布図。
（地図上の「？」は、生息が確認できていないエリア）

とにかく食べてみるようだ。無脊椎動物の中では、ザリガニ、ミミズ、カブトムシ、ムカデ、セミ、ヒル、ダンゴムシなどを餌にする。哺乳動物では、ネズミ、コウモリ、ハタネズミ、トガリネズミ、それにワタオウサギの仔を捕まえて食べることもある。メクラヘビやトカゲ、カエル、サンショウウオといった爬虫類や両生類も餌食となる。このフクロウは、とまっているところから急襲するタイプのハンターで、獲物が地上にいようが浅瀬にいようがお構いなしで、可能であれば鯉もナマズもマンボウも捕まえてしまう。鳥類ではシジュウカラやミソサザイ、カケス、ハト、キジなど、小型のものも中型のものも、大型のものも対象となる。体重四キロもあるニワトリが捕食されたという記録も残っている。飼育下では、一晩で自分の体重の三分の一の量を食べる。

鳴き声

音高を下降させながら声を震わせる鳴き声といいなくような鳴き声は、縄張りを確保し、守ろうとする雄によるものだ。こうした鳴き声は低音域で発せられる。

声を震わせる鳴き声は、雄が巣の候補を雌に知らせるときや、家族と連絡を取り合うときにも聞かれる。ホーホーと鳴くのは、捕食動物が近づいてきたときに危険を知らせたり、警告を発したりするときである。吠えるように鳴くのは、ホーホーと鳴いていた状態から緊急レベルが一段階上がったときで、警戒状態にあることを示している。この種の英語名（Eastern Screech Owl）の由来でもある金切り声（Screech）は、興奮しているときや巣を守ろうとしているときに発せられる。

嘴を使ってカチカチと音を立てるのも興奮状態にあることを示している。この動作はヒガシアメリカオオコノハズクに限らず、相手に対して嘴の力強さを伝えていると考えられている。

求愛行動と巣づくり

たいていの場合、ヒガシアメリカオオコノハズクは一雄一雌制で、晩冬まではつがいの相手を見つけ、雄が率先して営巣のための候補地をいくつか雌に示し、そこからひとつを選ばせている。雄は贈り物として獲物を持ってくることで雌の機嫌を取り、かつ、雌の産卵期と抱卵期を通じて十分な餌を運んでくる適性も示している。

小さな入口があれば自然の木にできた洞を巣にしてしまうのだが、前年にハシボソキツツキが作った巣を好む。一月には雌が巣を決め、六月になる頃には、一日程度の間隔を置いて四つから六つの卵を産む。卵を産むとすぐに抱卵期に入り、もちろんそれぞれのタイミングで雛が孵り、成長過程においてはかなり大きさが異なることになる。ニシアメリカオオコノハズクと同じく、ヒガシアメリカオオコノハズクも、巣の入口はきわめて正確な直径サイズが求められる。自分の体がぴったり収まる程度で、それでいて獲物を狙ってうろつき回るオポッサムやアライグマの頭は入らない大きさでなければならない。

亜種の間でも、求愛の開始時期や、営巣地の選択、雛の大きさ、孵化するまでの抱卵期の日数など、異なる点はいろいろある。しかし平均すると、ヒガシアメリカオオコノハズクの卵は、雌が卵を抱いて二十九日から三十一日後に孵化が始まる。この期間は、雄が雌のために獲物を捕まえてくる。それは雛が孵ってからもしばらく続く。つがいの相手である雄が獲物を運び続けるのは、巣の中で二週間も雛を抱いていられるのは雌だけだからである。

巣にしている洞の中にいるヒガシアメリカオオコノハズクの雛。メクラヘビも見える。

四週目に入る頃には、雛たちにも羽毛が生え揃い、洞から飛び出して羽ばたき、広い世界に向けて巣離れを始める。しかしそれからも数日間は飛ぶことができず、この時期になってもまだ力強さが足りない。もし地面に落下しても、木を登ることはできるし、嘴を使って左の足、右の足と動かして茂みや木の少しでも高いところに避難することができる。このように外の世界に出てからも八週間から十週間くらいは、二羽の親フクロウが雛たちに餌を与える。巣立った雛のうち、最初の一年を生き延びられるのは平均して三十六パーセントにすぎない。

ヒガシアメリカオオコノハズクをはじめとするフクロウの権威であるフレッド・ゲールバック博士は、ヒガシアメリカオオコノハズクとメクラヘビの間に見られる珍しい共生関係について言及している。雛の餌として捕まったヘビの中には、巣に運ばれてからも生かされているものがある。そこで蛆虫を食べて、実質的にフクロウの一家のための掃除係となっているのだ。同様に、アクロバティック・アントという蟻が巣にいて、雛には何の害も与えることなく、フクロウの食べ残しを食べて衛生面で貢献しているという。さらに、嚙むという蟻の習性により、蟻がいなければ巣に侵入してくるはずの捕食動物たちを尻込みさせる存在にもなっている。

脅威と保護

ヒガシアメリカオオコノハズクは、自分よりも大きなフクロウや、前述のアライグマやオポッサムなど森の侵略者たちの捕食対象となっている。生息地を人間と共有することで、野良猫や飼い猫の犠牲になることもある。猫はフクロウを含むすべての鳥類にとって、大きな影響を与える存在である。

特にまだ若いフクロウの場合、車に衝突することもある。さらに、若さとは関係なく、窓に衝突するフクロウも後を絶たない。フクロウの飛翔経路だったところに金網のフェンスが設置されることも、そうした事故につながる。しかし最大の影響は何よりも、巣やねぐら、狩場となる付近の森林地帯が損なわれたり破壊されたりすることである。

ヒガシアメリカオオコノハズクとの経験に基づくゲールバック博士の理解は、見識に富み、単に個体数を維持しようとするだけでなく、適切な環境を回復し、新たに導入することを勧めている。巣箱についての詳細や助言を提供しながら、博士は個人が責任を持ってこの種を支援するという目標に取り組むよう奨励している。ヒガシアメリカオオコノハズクはわたしたちの生活圏の近辺でも生息可能で、街灯やテラス灯に引き寄せられた昆虫をうまく捕食している。

個体数動態統計

ヒガシアメリカオオコノハズクは、飼育下では十四年生きられる。

体長　十八〜二十四センチ
翼開長　四十六〜六十一センチ
体重　八十五〜二百二十六グラム

ニシアメリカオオコノハズク（*Megascops kennicottii*）

たいていの博物学者は、自然に対する関心の火つけ役となった特定の野生生物との記憶を一つか二つは思い出すことができる。わたしの場合、子供の頃にニシアメリカオオコノハズクと共に時間を過ごしたことは、南カリフォルニアにある自宅近辺の森や野原や水辺で生き物を見つけたときにどう反応するようになったかということに、間違いなく大きな影響を与えている。

家族がサンフェルナンド渓谷の外れに引っ越したのは、わたしが八歳のときだった。そこではオークの木やチャパラルに覆われる丘の麓に、まだ果樹園が残っていた。ロサンゼルス川の支流はコンクリートで不毛な護岸を施されることもなく、冒険の可能性に続く道がどこまでも延びていた。テレビが子供たちの関心を

ニシアメリカオオコノハズクのつがい。

捉えて離さなくなる前のことで、わたしたちも誰かの経験を自分のものと勘違いした受動的な傍観者ではなく、自分たちで物事を発見していく当事者だった。当時のわたしたちの感覚は、周囲の出来事に対して今よりも敏感だったのだと思う。時間やエネルギーを注ぐ選択肢が今よりも少なかったからだ。わたしたちは現実の中で経験を重ねていた。

ある秋の日の夕方、何かが我が家の庭を横切って飛び、家の脇に立つスズカケノキにとまるのを目の片隅に捉えた。その頃は、ちゃんと見てそれが何かを確認しようとする以外にやるべきことはないように思われ、すぐにわたしは動物園以外で初めて目にしたフクロウの下に佇んでいた。一メートル五十センチも離れていないところから、小さなフクロウがわたしを見下ろしていた。わたしがフクロウをよく見ようとするのと同じぐらい、彼は怖いもの知らずの熱心さでわたしを見ていた（「彼」と言ったのは、

見つめ合うフクロウと少年。

この忘れがたい出会いを機に調べてみたところ、すぐにこれがニシアメリカオオコノハズクだと分かり、雄は雌よりも小さいので、雄と判断したというわけだ)。

子供の頃の記憶は時間の経過とともに誇張されていくことがある。しかしわたしはこのフクロウが、その年の間は毎日、夕方になると近くの松の木のねぐらから下りてきて、この同じスズカケノキの同じ枝にとまっていたことを覚えている。わたしはよくそこまで行って、その様子を眺めていた。フクロウもわたしのことを認識していただけでなく、夕方になって出てくるとわたしたちに会えるのを楽しみにしてくれていると思うようになった。フクロウはとまっていた枝から前のめりになって、そのまま落ちるように音も立てずに飛び立つのだが、その前にわたしはこの友達に向かって疑問に思っていることを囁くのだった。「毎晩どこに行ってるの?」「何を食べてるの?」「巣があるの? どこにあるの?」「どうやってそんなに静かに飛んでるの?」「どうして暗いところでもそんなによく目が見えるの?」直接の返事は一度も得られなかったが、この一方的な会話はわたしの人生を通じて関心や調査の礎となった。

一九四〇年代に育ったわたしは、やがてこのフクロウが自分の住む谷でよく見られる種だということを知った。川岸に現存する木々や、点在するクルミの木やオレンジなどの茂み、それに通りに沿って植えられた大きなヤシの木までも、フクロウの狩りや繁殖の条件に合っていたのだ。母が勤め先の学校の校庭で親のいないフクロウの雛を拾って家に連れて帰ってきた日のことを覚えている。当時はこういうフクロウの存在がよくあって、わたしたちは翌日の夜、その雛をポーチに出しておいた。するとすぐに、我が家の敷地内に棲むフクロウのつがいが育てるようになった。そのフクロウたちにも同じくらいの月齢の雛がいて、すぐに餌をやり始めた。

分布域と生息環境

北米西部に生息するニシアメリカオオコノハズクはさまざまな森林地帯を生息環境とし、低地の川岸にある落葉樹林を好む。典型的な分布域は、アラスカ州からバハ・カリフォルニア州に至るまでの海岸林、東はモンタナ州、コロラド州、ニューメキシコ州、そしてテキサス州西部といった近隣の州、南はメキシコの山岳地帯にある森林にまで及ぶ。

生息環境は多様だが、たいていの場合、湿地帯や河川、小川に近接する落葉樹林でよく見られる。ソノラ砂漠では、メスキートが群生する水辺を好み、広範囲にわたる森林地帯を生息環境としているものの、そこを好む理由として水があることが決定的であるようだ。森を形成しているのがサボテンであろうが針葉樹であろうが落葉樹であろうが、木の洞をねぐらとするこの種にとっては何よりも森があるということが重要なのだ。

食生活

このフクロウは好き嫌いせずに何でも食べる。小さいが力が強くて足も大きく、トビケラの幼虫やオオアリといった小さなものから、ワタオウサギのような大きなものまで獲物にしてしまう。好みがこれだけ多岐に渡るため、食生活も年や場所によって異なっている。しかし、多いのはやはりモリネズミやカンガルーネズミ、ポケットネズミ、シロアシネズミ、トガリネズミといった小型の哺乳動物である。捕まえられる場合は鳥類も好み、ハシボソキツツキ、コマドリ、オリーブチャツグミ、スミレミドリツバメ、イエスズメなど

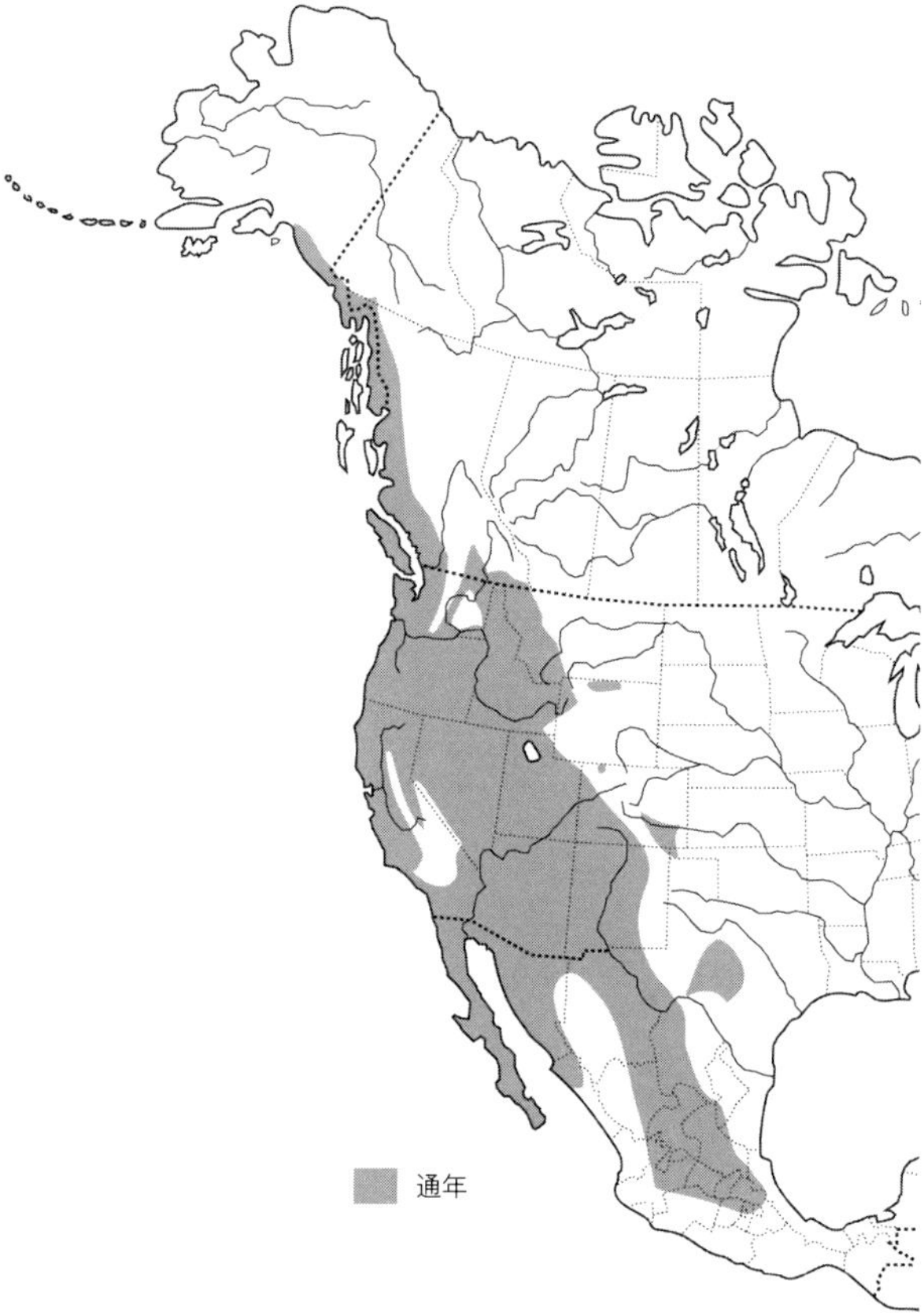

北米に生息するニシアメリカオオコノハズクの分布図。

が捕食される。フクロウの居場所によっては、水生生物が狙われることもある。主にザリガニを食べる一家もあれば、海岸沿いでブチカジカを捕って暮らす一家もある。ニシアメリカオオコノハズクに関するチャールズ・ベンディアの初期の研究によれば、マスやコクチマスを捕ることが分かっている。分布域の南西部では、サソリも捕るし、エルサレムコオロギも熱心に捕食している。アイダホ州では冬の間、小型の哺乳動物や鳥類を、ときには頭部を除いて保存食として蓄えることもある。

鳴き声

この種の鳴き声の中にも、特有のものがいくつかある。「ボールが弾むような」鳴き方は、優しい口笛の音のようなホーという鳴き声が平均すると十回連続で続き、それがすぐに間隔を空けずにひとつの鳴き声になるというものだ。たいていの場合、求愛行動や営巣地の選択に際して発せられる縄張りの主張である。

雄も雌も鋭くやかましい鳴き声を発するが、まさに吠えるとか舌打ちをするといった感じだ。この叫び声は、つがいの巣の近くで捕食動物が活発な動きを見せるときに発せられる。

いななくような鳴き声は、巣立つ前や羽毛がようやく生え揃った頃の雛、それに雌の成鳥によるものだ。明らかに餌を求めているときの鳴き方で、鳴いているのに雄が獲物を運んでこなければ、鳴き声は速度を上げて激しさを増し、日が暮れるまででも日が沈んでからでも鳴き続け、餌をねだる音高とでも呼ぶべき高さに達する。

さえずりは雄も雌もさまざまな目的で行ない、危険を伝えたり、巣を出たばかりの雛たちにねぐらに戻るように合図したり、餌を持ってきたぞと告げたりする意味がある。巣にしている洞の周りの枝にとまった親鳥が、洞の中にいる雛たちを外に出てこさせようとするときにさえずることもあるようだ。

求愛行動と巣づくり

分布する全域において、一月下旬から二月になると雄が縄張りをアピールし始める。そして数週間以内には、「ボールが弾むような」雄の鳴き声に対して、雌からさらに高い音高での返答がある。三月の終わりから四月上旬までに、雌雄で鳴き交わしたり、互いに羽づくろいをしたり、営巣地候補の周辺で雄が雌に獲物をプレゼントしたり、求愛行動が熱を帯びてくる。この時期、断続的に交尾も行なわれる。

ハシボソキツツキかカンムリキツツキが作った洞を好む雌は、二つから七つの卵を産むのにふさわしい場所を最終的に選ぶ。卵は平均して三十日の抱卵期を経て、孵化が始まる。この時期と孵化後の三週間、雌と雛に餌を運んでくるのはもっぱら雄の役割となる。四週目に入る頃には、雛は巣のある洞から外の世界を一目見ようと騒ぎ出す。この頃には雌も巣を飛び出して、雄と一緒になって獲物を捕まえ、雛たちに餌を与える。活発になる一方の雛たちの巣離れは、この時期を過ぎた頃から始まる。

ようやく羽毛が生え揃った雛たちがぎこちなく羽ばたいて巣から飛び立っても、数日間は巣の近くから離れない。やがて雛たちの飛ぶ技術はみるみる上達し、移動範囲もますます広くなる。ここからさらに少なくとも一か月は家族と一緒に過ごし、餌は相変わらず親フクロウからもらい、そうしている間に自分たちで生きていくための技術を磨く。巣離れから五週間もすれば雛たちも独り立ちできるようになって、広い世界へとそれぞれ飛び立っていく。

大型のフクロウやタカはニシアメリカオオコノハズクを捕食する。特に巣立ったばかりの若いニシアメリカオオコノハズクは餌食になりやすい。マダラフクロウ、アメリカフクロウ、アメリカワシミミズク、そしてもちろんクーパーハイタカもニシアメリカオオコノハズクを捕まえる。アライグマは雛をかっさらおうと、フクロウたちが巣にしている洞まで登ってくる。インディゴヘビも、成鳥を呑み込んだという記録が残っている。ニシアメリカオオコノハズクが郊外の環境に棲みつくと、飼い犬や飼い猫が、地面に落ちた雛にとって天敵となる。

面倒を見てくれる親フクロウのそばで最初の数か月を生き延びた若いフクロウは、秋そして冬の訪れとともに獲物を捕れる確率が減少するため、餓死という脅威に絶えず直面する。

経験の浅い若いフクロウにとってもうひとつの脅威は、生息地の周辺を走るハイウェイとの境で、何も知らずに狩りをしていて車と衝突することである。毎年、生後一年目のフクロウの死骸が道路脇でいくつも見つかっている。フクロウに限らず、田舎や郊外である地点から別の地点に移動しようとした鳥が、カーテンの引かれていない大きな窓に衝突することも珍しくない。そうした衝突で重傷にまでは至らなくとも、気絶した状態で獣医のところに運ばれるフクロウは少なくない。

ニシアメリカオオコノハズクの獲物の体内に殺虫剤が浸透し、かつてハヤブサで確認された歴史的な事例のように、ニシアメリカオオコノハズクの卵殻が薄くなってしまったという証拠もいくつか見つかっている。小型の哺乳動物や鳥類からカブトムシ、そしてオオアリまで、ニシアメリカオオコノハズクが気分次第で捕食する多様な生き物が、人間がこうした有害な小動物や昆虫の数を抑制しようとして使用した有毒物質の媒介者となり、フクロウにとっても脅威となっている。

しかし何よりもニシアメリカオオコノハズクの繁栄を脅かすものは、生息地の消失である。水辺の森林地帯で狩りができること、キツツキの作った洞のある古木があって、そこを巣にできることは、フクロウの幸福にとって不可欠である。分布域の南西部では、特にそうである。住宅が建ち、農場が広がり、工場が建ち並び、人間による開発がフクロウにとって不可欠な条件を大幅に減少させている。

開発目的にせよ商業目的にせよ、ニシアメリカオオコノハズクの存在を念頭に、分別をもって木を切り、植林することがフクロウのためにもなる。それ以外にも、このフクロウはハシボソキツツキの作った洞がない場合は巣箱を受け入れる順応性を持っているので、こうした設備を提供する努力をすることも彼らにとっては間違いなく意味のあることだ。

個体数動態統計

ワシントン州で飼育下にあったニシアメリカオオコノハズクのつがいは十九年生き、カリフォルニア州クレアモントで回収された足輪のついた野生の個体は十三歳だった。おそらく十を数える亜種のあるこのフクロウは、体の大きさにかなりの差異があるが、平均すると以下のようになる。

体長　十九～二十七・五センチ
翼開長　四十六～六十一センチ
体重　百四十二グラム

アメリカキンメフクロウ（*Aegolius acadicus*）

一見、この小さなフクロウはぼろぼろでぼさぼさの羽毛をひと摑みしたもののように見えた。道路脇で発見したとき、おそらく車にはねられたのだろう、気絶して飛べなくなっていた。無慈悲な暴風雨に晒されながら、そこで何時間びしょ濡れになっていたのだろう。

そのアメリカキンメフクロウにどの程度の生命が残されていたにしても、拾い上げたときに弱々しくも抵抗しようとして奮い起こしたアドレナリンのおかげで回復に向かったのだと思う。骨の髄までびしょ濡れになってすっかり冷え切っていたことも、低体温症になれば数時間で死に至るということも分かった。それで、暖かくした囲いの中で電気パッドの上に寝かせてやれば、なんとか助かる見込みが出てくるかもしれないと判断した。その小さなフクロウを拾い上げた瞬間から、温かく乾いたところに移動させている間もずっと、大きく見開かれた目はぎらぎらと燃えるようで、強い意志が感じられた。それは、わたしの指をぎゅっと摑む小さな鉤爪からも感じられた。

箱の中に敷いた電気パッドの暖かさとタオルの柔らかさが、このアメリカキンメフクロウの緊張を和らげたようだった。暗くするために箱の上にタオルをかけたのは、餌を与える前に、手で触れられることのトラウマにひと区切りつけようと思ってのことだった。フクロウの体力はすっかり尽きていたが、ふたたび取り上げる前に、冷えてしまった体を温めることが先決だと判断した。

即席で作った定温器の中に寝かせたまま、二時間待った。ふたを開けると、短時間ではあったがびしょ濡

アメリカキンメフクロウ。

れだった羽毛が乾いて膨らみ、ふたたびフクロウらしい姿形を取り戻していたことに安堵した。しかし、可能であれば水分と何かしら食べるものを摂取させる必要があった。定温器の熱が効果的だとしても、体内に十分な栄養と水分を取り込めなければ、脱水症状で死んでしまうのは時間の問題だった。

無防備で、目も見えず、餌は親に頼りきりの野生の晩成鳥に、食べ物を与えるのは難しかった。大きく開けた口に餌を入れてやると呑み込む時期をとうに過ぎた成鳥なのだ。ようやく体が温まり、少しは体力も回復したフクロウを片手に持って、水分の多い生のニワトリのモモ肉を少量、与えてみた。かぶりつき、反射的に呑み込んでくれることを期待していた。全然だめだった。肉をぶらぶらさせてみても、目の焦点はどこかに固定されたまま、嘴も固く閉じたままだった。

それから半時間かけて、フクロウの下の嘴をつまんでこじ開け、細切れの肉をなんとか口の中に押し込んだ。肉が嘴の中に入ると、フクロウが頭を振って吐き出さないよう、すぐに嘴を閉じた。結局、少量の水分が嚥下反射を招き、肉を呑み込んでいた。それからも同じようにして餌やりを六回行なうと、わたしの指から直接食べるようになった。しかも回を重ねるごとに、嬉しそうに元気よく食べていた。

そうして世話をして、餌を与え、夕方には居間の中で飛ばせたりしながら二週間を過ごすと、アメリカキンメフクロウは回復したようだった。羽毛の具合もすっかりよくなって、大きさや体重からおそらく雌だと分かったが、家の中では狩りの能力を試すことができない。自然に帰したのは周囲の森に昆虫がたくさんいる時期で、ネズミも豊富にいたはずだ。彼女が野生の森に帰っていくのを見ながら、大丈夫だと思えた。

分布域と生息環境

北米のほぼ全域で見られるこの小型のフクロウは、落葉樹林にも針葉樹林にも生息している。棲み処とする森は海抜ゼロメートルから三千二百メートルにわたる。獲物を探したり巣づくりをしたり、ねぐらを見つけたりする必要があるため、適度な高さのところに鬱蒼とした天蓋が広がる場所を好む。しかし分布域の中でもアイダホ州の辺りでは、深い森は避けて水辺やサバンナ地帯を選んでいる。

理由は明らかだが、夜行性のフクロウの行動はまだ完全には解明されていない。しかしこの種の中には、秋と春になると暗闇に紛れて渡りをする個体群があることが分かっている。東部に生息する個体群は、九月になると大西洋岸に沿って飛び、ノヴァスコシア州からノースカロライナ州の内陸部あたりまで移動することが知られている。翌年の春、三月から五月にかけて、ふたたび北を目指して帰ってくる。大陸の中央部、オンタリオ州からオハイオ渓谷を通ってケンタッキー州までのルートで渡りをする個体群もある。

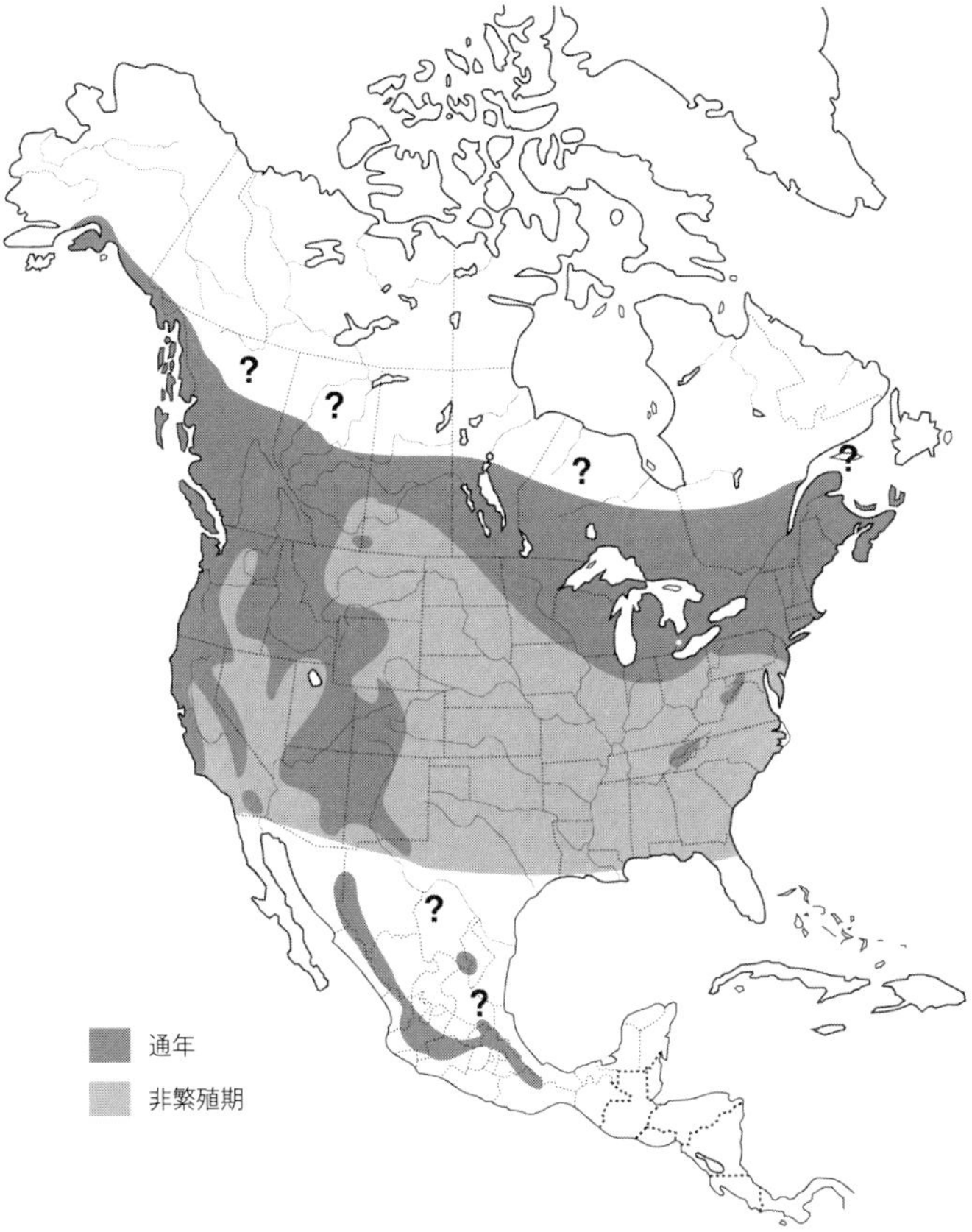

北米に生息するアメリカキンメフクロウの分布図。

食生活

分布する全域にわたって、ハタネズミ、ヌマレミング、ホリネズミ、ハツカネズミが好まれている。ネズミほどではないが、鳥類も捕食し、特に渡りの時期に捕まえられるスズメ目の鳥は狙われる。その中には、キクイタダキやコマドリ、それからカワラバトほどの大きさの鳥も含まれる。カリフォルニアスズメフクロウを捕食したという珍しい報告があるが、小さなフクロウが同じく小さなフクロウを屈服させるまでにどのような闘いがあったのか、大いに想像がかき立てられる。

バッタやクモ、カブトムシといった昆虫も、アメリカキンメフクロウの餌の大部分を占めている。海岸沿いであれば、潮間帯に生息する無脊椎動物を捕食している。

鳴き声

アメリカキンメフクロウはほぼ夜行性で、鬱蒼と茂る中から、比較的姿を見られることなく、何かを主張する鳴き声だけが聞こえる。森の中では捕食動物に居場所を突き止められることのないよう、こうした戦略は非常に重要である。日没の三十分前から鳴き始め、日の出の少し前まで夜通し鳴き続けている。自分のやるべきことに集中している雄が、九十三日間、こうした時間帯に鳴き続けた例がある。

一定の音高で続けざまにさえずる口笛のような鳴き声は、たいてい雄によるアピールを目的としたものである。この鳴き声は海抜三百メートル程度の森で聞かれ、一キロ離れた海の向こうにも届く。

レパートリーの豊富な歌い手であるこのフクロウは、少なくとも九種類の異なる鳴き声を使い分けている。

優しい口笛のような鳴き声は、アピールのための鳴き声に似ているがそれほど激しくなく、雄が獲物を捕まえて巣に戻ってきたことを雌に知らせるためのものだ。

甲高く鳴く場合、音も大きくて鋭く、のこぎりの刃を研ぐときの音に少し似ている。アメリカキンメフクロウ（Northern Saw-whet Owl）の whet というのは、「研ぐ」という意味だ。縄張りを主張しているのだろう、この鳴き方は繁殖期によく聞かれる。

「ティスト」は、雄によるアピールの歌に対する雌からの返答、あるいは雌が雄に対して餌を求めるときの鳴き声である。

チュンチュンとさえずるような鳴き声は、雛が何かをねだっているときのもので、成長するに従って、「チューック」へと変化していく。

「チャック」は不満や拒絶を表わす鳴き声のようで、捕まえた鳥を放してしまったときなどに聞かれる。

求愛行動と巣づくり

雄のアメリカキンメフクロウは、晩冬になるとその年の間ずっと維持してきた縄張りをアピールして歌い始める。基本的に一雄一雌制だが、獲物が豊富に捕れる年には、一羽の雄に対して二羽以上の雌という関係も見られ、二つの巣から十一羽もの雛が見事に巣立つこともある。その際、仲間外れにされないように、雌は羽毛がようやく生え揃ったばかりの雛を置いてふたたび相手を見つけ、また新たな雛を育てることもある。

二月下旬から四月上旬にかけて、雄が提示した候補の中から雌が選んだ巣で、五つから六つの卵が産まれる。たいていの場合、前の年にハシボソキツツキかカンムリキツツキが作った木の洞がフクロウの巣となる。

分布域の中でも、巣にふさわしい洞と獲物のいずれにも困らないところでは、カリフォルニアスズメフクロウやキンメフクロウと縄張りを共有することもある。

雌が抱卵に専念して二十七日から二十九日が過ぎると、雛が孵る。この時期を通じて、抱卵中の雌の餌はもっぱら雄が運んでくる。その後も二週間半は、家族のために雄はこの役割を引き続き担う。この時期、雌は卵を温める義務を終えて洞を飛び出す。雄は雛に餌を与える役目を一身に引き受け、雌がそれを手伝う気配はほとんどない。

孵化して三十日ほどすると、雛たちは巣を出て外の世界を知るようになる。それからは、アメリカオオコノハズクやアメリカコノハズクの雛のように滑空したり木に登ったりするだけでなく、ある程度の飛翔技術を身につけている。巣から出て最初の一か月はなおも、雄が餌の大部分の面倒を見る。

脅威と保護

アメリカキンメフクロウにとっては、棲み処としている森に生息する捕食動物が脅威となる。クーパーハイタカやアメリカフクロウ、アメリカワシミミズクなどに頻繁に捕食されている。

それ以上に大きな脅威が餓死であり、生後一年目によくある死因である。しかし巣離れの前も、雛はノミやハエに悩まされ、生命が危ぶまれるほど弱ると、餓死や病死の確率が高くなることもある。

雛も成鳥も、小さな哺乳動物が豊富にいる道路との境界が魅力的に思えることがあるようだ。ハイウェイのそばに立つ木にとまると、近づいてくる車の音に飛び出してくる齧歯類の姿が見える。それを追いかけたい衝動に駆られ、飛翔経路と逃げる獲物の向かう先が、猛スピードで近づいてくる車の進路としばしば交差

クーパーハイタカに追われるアメリカキンメフクロウ。

する。衝突は避けられず、こうして毎年多くのアメリカキンメフクロウが命を落としている。

他の種のフクロウと同様、人間の開発活動の拡大が、アメリカキンメフクロウの個体数にも分かりづらいが重大な影響を及ぼしている。繁殖、ねぐら、狩りのための環境が悪化し、損なわれ、森林地帯は商業目的、宅地造成、工業地帯、農業発展のために切り詰められている。

こうした影響はすべて、ある程度までなら緩和することができる。巣づくりに適した場所が自然の中にまったく、あるいは少ししかないところでは、巣箱が活用できる。土地利用計画における森林地帯の特別指定区域では、アメリカキンメフクロウをはじめ、何種かのフクロウの存在が保証されている。森林地帯の価値や利点に関する情報公開と教育のための努力を同時に進行させることで、事情を知った市民がこうした地域を誇りに思い、フクロウに関心を持つようになるうえで大きな効果が期待できる。

個体数動態統計

アメリカキンメフクロウに関するリチャード・カニングの研究が特に参考になる。調査のために足輪をつけた七十五羽のうち、最初の一年を生き延びたのは半数にすぎず、最初の一年を生き延びたフクロウの中で三歳まで生きたのは六羽だけだったという。七歳まで生きた個体が一羽だけいた。生存の過酷さはこの種のフクロウにとっては悩ましいものの、条件さえ整えばかなり長く生きられることが分かっている。飼育下では十六歳まで生きたという報告がある。

体重を維持するために、九十グラムの雌は飼育下では十七・五グラム、あるいは自分の体重の五分の一に相当する生き餌を毎日食べる。

体長　十八〜二十一センチ
翼開長　四十三〜五十一センチ
体重　八十五グラム

コミミズク（*Asio flammeus*）

ワシントン州のセイリッシュ海の河口付近に冬が訪れると、猛禽たちの出番となる。ハヤブサは[redacted]など水鳥の群れの中に勢いよく飛び込み、大きな翼を持つタカは止まり木からどさりと落ちるように飛[redacted]立つと、ハタネズミを追って下生えに突っ込んでいく。こうした行動をすべて成し遂げ、ときに移動を共に[redacted]いるのがハイイロチュウヒとコミミズクである。この二種は収斂進化によって、姿形も習性もよく似る[redacted]となった。どちらも、耳や目で何かしら気になるものを嗅ぎつけ、きちんと確認する必要があるとなれ[redacted]旋回する。タカもフクロウも、目に光を集められるように羽毛で覆われた盤面を持ち、眼下に動くもの[redacted]認めると、申し分のない解像度の映像を脳裏に焼きつける。顔面の羽毛は目に向けて光を反射させながら、[redacted]らゆる強度の音を耳道で拾えるように穴が開いている。

外でフクロウたちと戯れていて、コミミズクの群れに遭遇したことがある。あるとき、妻と友人と[redacted]人で、三十羽以上のコミミズクが休んでいるところに出くわしたのだ。足元から鳥たちが一斉に飛び立っ[redacted]きには、驚いたし面食らいもした。まるでブロンドの巨大な蛾が、大きな雲のように四方八方に沸き立っ[redacted]いる

コミミズク。

かのようだった。数分間は渦を巻くように飛んでいたが、それからまた一斉に下生えの中に落ち着き、見えなくなった。あれは生存のための戦略だったのかもしれない。あのようにフクロウが分散して飛び立つと、捕食動物たちは混乱して、一羽を狙って後を追うことが困難になる。ああした群れの中で、繁殖期を前にまだつがいになっていないフクロウが相手を見つけるということもあるのだろうか。

わたしが飼っていたコミミズクは、もともとどれも傷だらけだった。車と衝突して体の大半が不自由になり、一度や二度は銃で撃たれていたり、伸び放題の草で見えなくなっていた低い鉄条網に引っかかって翼も傷めていた。手に取ったときに息を吐き出すような鳴き声を出したり嘴をカチカチと鳴らしたりするのは、他の種であれば何かの抗議の証なのだが、コミミズクの場合はそういう行動をしても、例外なく優しいフクロウだ。しかし、野生のコミミズクは決して受け身ではない。

自分よりもよっぽど大きな猛禽に荒々しく立ち向かっていくコミミズクを見たことがある。アメリカケアシノスリを追いかけたり追いかけられたり、ときには攻撃することもある。シロフクロウとアカオノスリは、コミミズクが自分の狩場と見なしているエリアに不法侵入すると、攻撃を受けることになる。

分布と生息環境

北米北部、ヨーロッパ全域、アジアからベーリング海まで、他のフクロウと同様、コミミズクも世界の広い範囲で確認されている。南米でも、ガラパゴス諸島やフォークランド諸島に生息している。非繁殖期に越冬する種として、北米から南下してメキシコ中部に至るまでの大部分を占める。

コミミズクは小型の哺乳動物のいる開けた田園地帯や草原地帯、海岸沿いの草地、灌木ステップ、それにツンドラ地帯を好む。

食生活

コミミズクが捕食する獲物の多くは、ハタネズミやシロアシネズミなど小型の哺乳動物である。マキバドリなど、生息環境を共にする小型の鳥を捕まえることもある。バッタやネキリムシ、カブトムシといった昆虫も好まれる。

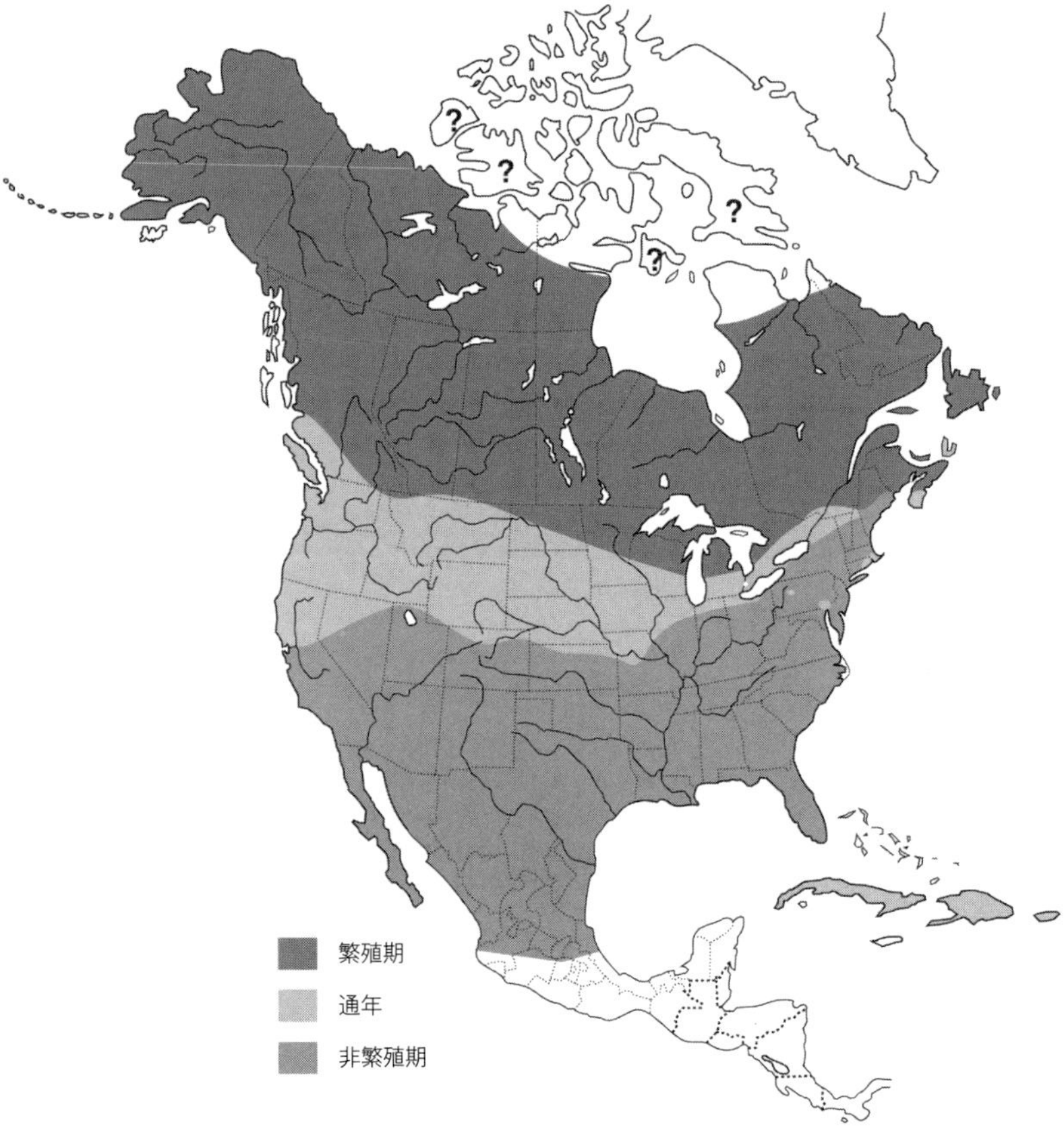

北米に生息するコミミズクの分布図。

鳴き声

他の種と同様、身の危険を感じると、吠えるような独特の鳴き声を上げる。「ワァーック、ワァーッ」という鳴き声は、脅かされた状況、あるいは縄張りに侵入してきて狩りをするハイイロチュウヒやケアシノスリを追い返す際に聞かれる。

他にも、意味がまだ解明されていないさまざまな種類の甲高い鳴き声や口笛のような鳴き声がある。「キーォウ」という鳴き声は、狩りの際に特別の目的があると考えられる。ときどき、草が生い茂る野原の上を行ったり来たりしながら、この鳴き声を発している。この鳴き声が激しいのは、隠れている哺乳動物を驚かせるためとされている。驚いて動けば、上空を旋回するコミミズクはそれで居場所を知るというわけだ。「ホー、ホー、ホー、ホー」という鳴き声は求愛のときのもので、鳴いたあとで羽ばたいて独特の音を立てる。雄が雌の前で、「スカイダンス」と呼ばれる求愛の意思表示をしているのだ。素早く太腿を叩いたときの音に似ている。

独自の戦略

メンフクロウやカラフトフクロウ、キンメフクロウ、ヒメキンメフクロウなど他のフクロウと同様、コミミズクの耳道も左右で高さが少し異なる。視認できない獲物の位置を確認するうえで、このことが明らかに有利に働いている。コミミズクは動き回る哺乳動物の立てる音を両方の耳で均一に感知できるように、頭の位置を調整する。この時点で獲物はコミミズクの正面にいることになり、何かの下に隠れていても、飛び込んでいった先には必ず獲物が潜んでいる。

近縁種のトラフズクを含む他のフクロウと同様、コミミズクも擬傷行動を取ることで侵略者を巣から引き離す。身を脅かす動物の前の地面に落ちたふりをして、力なく羽ばたき、翼が折れたように見せかけるのだ。うまく行けば、ぎりぎり届かない距離を保ったまま、敵を少しずつ巣から離れたところにおびき寄せることができる。

求愛行動と巣づくり

他の種の雄と違って、コミミズクは縄張りを主張したり求愛行動を始める際に、高いところにある止まり木を使わない。ハイイロチュウヒと同じく、邪魔されないように空に向かって飛び立ち、つがいの候補となる相手に営巣地をアピールする。晩冬になってコミミズクの個体群が解散すると、雄は雌の上を舞うように一連の特別な飛び方をする。デンヴァー・ホルトとショーン・レジャーが「スカイダンス」と呼ぶものだ。雌は地面に舞い降り、雄は上空百五十メートルの高さにまで舞い上がることに由来する名称である。最高点に達したとき、雄はハヤブサのように急降下を始める。途中で十回以上、続けざまに翼を打ちつける。雄はしばしばこの行動を繰り返し、それから下生えに降り立ち、雌と合流して交尾が始まる。

分布域の北部では、コミミズクは四月もしくは五月上旬までに、前年の乾いた草木を掘って巣を作る。そこに三つから四つの卵を産み、三週目には最初の卵が孵る。雌が卵を抱いている間や卵が孵る時期の大半、餌を運んでくるのはもっぱら雄の役割だ。

孵化の後、三十日から三十六日すると、雛たちは巣を出て思い思いの方向を目指すようになる。この巣立ちの方法は、回避戦術としての役割を果たしている。地上の捕食動物に一羽は見つかったとしても、みなが見つかることはない。

脅威と保護

越冬のための生息地を巡る争いが原因で、コミミズクが大型の猛禽類に捕まることがある。渡りをするオオタカやシロフクロウは定期的に北極圏から集団で南を目指し、海岸沿いの低地に現われるが、コミミズクはしばしばそこで捕食される。それ以上に恐ろしいのが、手当たり次第に何でも食べるキツネやコヨーテで、卵も雛も餌食になってしまう。野良猫も、地上に巣を作るコミミズクに深刻な影響を与える。

コミミズクは広範囲に分布しているが、開けた土地での狩場や営巣地が集約農場や放牧地として開発され、個体数は減少している。これは特にアメリカ中西部と北東部で顕著である。同様に、狩りや営巣のための場所はアイダホ州南部やオレゴン州中央部、ワシントン州中南部でも見つけることが困難になっている。農村にはネズミが必ずいるもので、そういうところであれば個体数の維持は可能なのだが、そこでも楽な暮らしができているわけではない。カリフォルニア州では、四十四羽のコミミズクが捕食した哺乳動物から家禽コレラに感染して命を落としたことをM・N・ローゼンが突き止めている。

ハイウェイが交差する開けたところで狩りをしていて、しばしば車に衝突して命を落とすことも避けがたくある。人間が開発を拡大することによって生じるこうした結末は避けられないとしても、コミミズクの繁栄を維持する回復と保護の手段はある。マサチューセッツ州には自然遺産プログラムというものがあり、コミミズクが巣を作り、狩りをするのに適した近隣の広大なエリアの保全活動を展開している。州ではこの献身的な活動に加えて、一般市民への啓蒙として、コミミズクに関する情報と観察の機会を提供し、人間による攪乱と破壊を減らそうと試みている。さらに、家禽や水鳥のために計画的に草地を焼くといった土地の管理は、どのようなものでもコミミズクのためになりうる。

個体数動態統計

北米で回収された足輪をつけた野生のコミミズクは四年を少し過ぎたくらいまで生き、ヨーロッパのコミミズクは十二年と九か月生きた。

体長　三十七センチ
翼開長　百〜百十センチ
体重　三百十五〜三百八十二グラム

トラフズク（*Asio otus*）

もう何年もの間、晩春になるとワシントン州東部にあるコロンビア高原に出かけていって、そこに数多く生息する猛禽の繁殖活動を観察している。ソウゲンハヤブサやハヤブサは玄武岩の岩棚にできた穴を利用して巣を作る一方、アカオノスリやアカケアシノスリはセージの枝の高いところに巣を作る。アメリカワシミ

飛翔中のトラフズク。

ミズクはこれらのタカが雛を育てた後で放棄した巣を自分のものとし、メンフクロウは岩場の穴の奥で卵を産む。地下水や地表水を吸い上げて養分を摂取する木立のある谷底では、アメリカチョウゲンボウがハシボソキツツキの開けた古い洞に棲みつき、アレチノスリ、アシボソハイタカ、クーパーハイタカは自ら巣を作る。トラフズクはカササギが棲み処にしていたドーム型の巣を平らに均し、自分たちが卵を抱いて雛を育てるのにふさわしい形に作り替える。地上では、ハイイロチュウヒと同じく、コミミズクが草地の中で繁殖する。さらに地下でも何やら動きが見られる。アナホリフクロウがアナグマやジリスの掘ったトンネルを自分たちの使い勝手に合わせて拡張し、そこで雛たちを育てているのだ。

雛を育てるのにふさわしいだけでなく、若い猛禽を育てるうえで申し分のない餌となる小型の哺乳動物や爬虫類、他の鳥類、それに昆虫が豊富なのだ。ハヤブサやタカ、フクロウにとっての豊かな食糧は数年間は尽きることなく、巣の周囲にはホリネズミやハタネズミ、モリネズミなどが積み上げられているところもある。わたしがそこで調査対象としたトラフズクの巣もそんなひとつで、遠くから見ていても、巣の周りは哺乳動物の死骸で取り囲まれ、その向こうから雌のトラフズクの長い耳の先端がときおりぴょんと飛び出すのが見える程度だった。

そのトラフズクとつがいの相手は、わたしに珍しい経験をさせてくれた。もっとも、擬傷行動がトラフズクだけのものではないということは、もっと後になって知った。最後の雛が孵って二週間が経ち、獲物をもう一度見ようと思って巣に近づいたとき、雄のトラフズクらしきものが近くで見張りをしていた止まり木からさっと舞い降りて、わたしから数メートルも離れていない下生えの中に落ちたのだ。しばらくの間、何か獲物を見つけて捕まえようとしているのだと思っていた。しかし驚いたことに、雄は地面に横たわったまま、重症でも負ったかのように翼をあちこちばたばた動かすばかりなのだ。そんな動きをしていたかと思うと、甲高い苦悶の鳴き声を上げ、近づこうとするとぎこちなく飛び立とうとしてはふたたび少し離れたところに落ち、傷ついているふりを繰り返していた。雄の後を追っていて、この擬傷行動がいかに効果的にわたしを他の家族から引き離しているかということに気づき、驚いた。わたしはすっかり巣から、そしてヤナギの木立から遠いところまで連れてこられていた。そして雄は、奇跡的に気力も体力も回復したかのように優雅に飛び上がると、離れたところにある玄武岩の柱のてっぺんにとまったのだ。

分布域と生息環境

北米と北ヨーロッパのほぼ全域に生息するトラフズクは、乾燥し開けた生息地で狩りをする。巣とねぐらは生い茂った草木の中に作られる。活発に獲物を探すのは主に夜間で、狩りの際には牧草地や草原、灌木ステップのすれすれを飛ぶ。

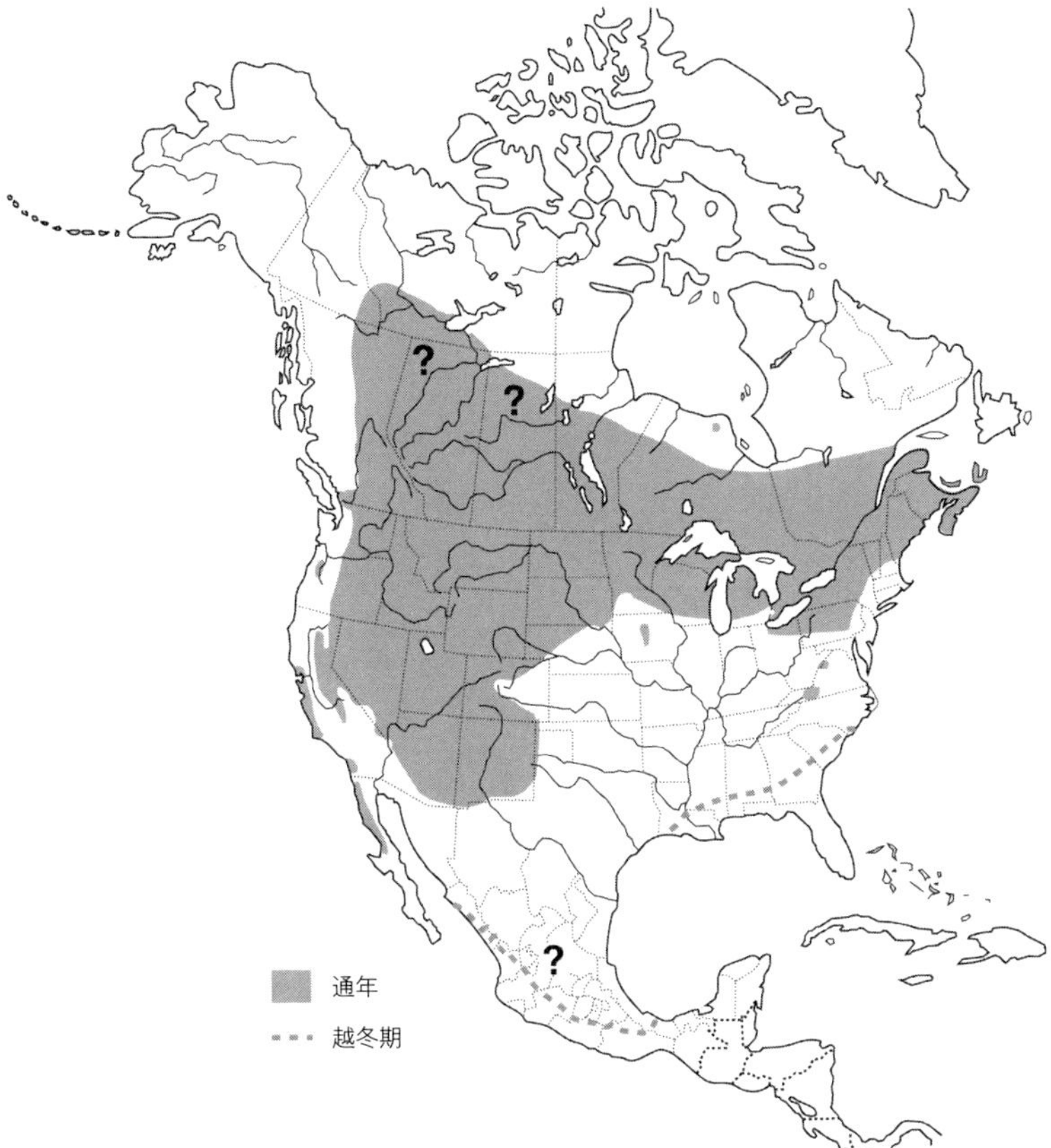

北米に生息するトラフズクの分布図。

食生活

小型の哺乳動物を好み、サンガクハタネズミやプレーリーハタネズミ、アメリカハタネズミ、シロアシネズミ、ハツカネズミ、カンガルーネズミ、ホリネズミ、ジリスなどを捕食する。万能のハンターで、トカゲやヘビの他、シモフリアカコウモリ、トビイロホオヒゲコウモリ、サバクコウモリも捕まえる。それほど大きいわけではないが、オナガオコジョや、エリマキライチョウのような大型の鳥を狩ることもできる。

鳴き声

「ホー、ホーホー」と鳴くのは雄がアピールするときで、二秒から四秒ごとに鳴く。

雌や雛は、猫のような声で鳴いて雄に餌をねだる。

吠えるような鳴き声や「オーック」という鳴き声は、警戒しているときや侵入者からの攻撃を受けたときに発せられる。

甲高い鳴き声は擬傷行動の際に聞かれる。侵入者を巣から離れたところにおびき寄せるときの声である。

雄が二十回ほど翼を打ち合わせる動作は、求愛のための飛翔の際に見られる。

求愛行動と巣づくり

二月に入ると、日没後まもなく、雄が鳴きながら飛翔して縄張りをアピールするようになる。これが五月になるまで続く。トラフズクの求愛行動は実にドラマチックで、候補となる巣のある木立の周辺を巧みにすいすいと飛んで、飛翔と翼の打ち合わせの合間に深く羽ばたく。雄は鳴き声と飛翔によるアピールを終えると止まり木に降り立ち、そこで翼を持ち上げたり下ろしたりしながら体を揺する。このときに求愛行動は最高潮を迎える。返答として、雌は翼を下げて枝の上か地上にうずくまり、自分の体を雄に見せる。すると雄は雌のところに飛んでいき、雄も雌も翼を広げ、雄が雌の上に乗りかかって、三秒ほど密着する。交尾の前後に互いに羽づくろいをすることもある。

三月の中旬までには、雄による巣の候補地の提示も、雌がその中からひとつを選ぶことでようやく終わりを迎える。場所によって、卵を産む場がカラスやカササギ、クーパーハイタカの巣になることが多い。二十六日から二十八日間にわたり、雌は五つから七つの卵を温める。その期間を通じて、雌の餌は雄が運んでくる。

孵化して三週間以内に、成長の早い雛は巣のへりを越えて外に出ていく。三十五日目までには、短い距離なら飛べるようになっている。巣離れの後も八週間は親から餌をもらい、家族は一緒に行動する。巣離れから十一週間、雄が餌を与え続けたという研究結果もある。

脅威と保護

北米では、生息地としている開けた田舎で、若いトラフズクと年老いたトラフズクが特に外敵からの脅威に晒されている。攻撃的なアメリカワシミミズクやアメリカフクロウが狙う獲物に、トラフズクも含まれているのだ。クーパーハイタカやアカオノスリ、カタアカノスリ、イヌワシは滅多にトラフズクを捕食しない。

巣にいるときは、獲物を求めてうろつくアライグマに雛が狙われやすい。

他の捕食動物にとっても同じように、獲物が捕れたり捕れなかったりすることはつねに重大な問題である。若いトラフズクにとっては餓死の可能性も出てくる。すべての種のフクロウに言えることだが、トラフズクの個体数が激減するときによく見られる現象は、開発によるふさわしい生息環境の喪失だ。水辺の森林地帯や、広い牧草地や草原に隣接する木立が農地や線路、ショッピングモールといったものに取って代わられると、フクロウの生息数は急速に落ち込む。

英国ではこの減少を補うために、籠や前面が開いた箱を使っているようだ。北米でも実用的な手法である。木立を保護し、世話をすれば、フクロウの巣づくりやねぐら、狩りに必要な条件を整えてやることにもつながる。

他の種のフクロウの場合と同じく、シンプルで思慮深い教育プログラムをフクロウの生息地周辺で展開することも可能である。そうすることで、身近に暮らしている魅力的な野生生物について、人々が理解を深めたり正しく認識したりできるようになる。そういう事情を理解できれば、フクロウの利益を拡大し、維持するために必要となりうる活動を政策面や財政面で支援することも可能になる。

個体数動態統計

北米に生息するトラフズクの寿命は九歳で、ヨーロッパでは二十七年生きたものもある。

体長　三十五~四十センチ

翼開長　九十一〜百六センチ
体重　二百五十五〜二百八十三グラム

アメリカフクロウ（*Strix varia*）

わたしが回復させてやれると思ってのことなのだろう、長年にわたって、傷ついたフクロウたちが我が家に運ばれてくる。たいていは車と衝突して怪我をしたフクロウで、道路脇で拾われたものだ。一命を取りとめたフクロウの中でも、野生に帰してやることが叶わないほど重傷のものが多かった。何羽かは寿命を全うするまでわたしと一緒に暮らした。翼にひどい怪我を負って回復不可能というがっしりした雄のアメリカフクロウもそうした一羽で、わたしにできたのは翼の手入れをして枝から枝へと少しは楽に飛び移れるようにしてやることくらいだった。わたしたちはそのアメリカフクロウを「ボタン」と名づけた。黒い目を見ていると、妻のコートの磨き抜かれたボタンを思い出したからだ。ボタンは十年以上にわたって、わたしたちと一緒に暮らした。

体格のいいこのフクロウは、大きな鳥小屋で暮らすようになった最初の週から、存在をアピールするために夜通し何度も繰り返し鳴いていた。ホーホーと鳴いたり、叫んだり、金切り声を上げたり、咳払いのような鳴き方をしたり、喉の奥でうがいをするような音を立てたり、その合間にはよく知られた「フー、フー、フー、フー、フークックスフォーヨール」と鳴いたり、規則的に一連の鳴き声を聞かせていた。すぐに隣人たちがやってきて、生垣の奥でどんな猛獣を匿っているのかと、警戒したように探りを入れてくるようにな

ニシアメリカオオコノハズクを捕まえたアメリカフクロウ。

った。

　ボタンの鳴き声の中でも最も驚かされたのは、夏に我が家で結婚式を執り行なっていたときのものだろう。式は屋外で行なわれていて、六十人のゲストが席に着いているすぐ隣にボタンの小屋があった。式の最中、頼りないフルートのソロが終わると、ボタンはすかさず、自分も音楽で参加するぞとばかりに大きな声で鳴き始めたのだ。「フープ、フープ、フー、フー」と数分にわたる歌声でわたしたちはもてなされ、何度か大きな叫び声を上げた後でボタンの演奏は終わり、式もお開きとなった。どういうわけか、ふさわしい展開だったと思えた。

　姿勢も行動もレパートリーの幅が広いボタンは、わたしにとってつねに芸術面での刺激の源だった。ボタンの信頼を得るにつれて、鳥小屋の中に入っていって間近で観察できるようになった。そこで一度、止まり木にとまっていたボタンがわたしににじり寄ってきて、頭を掻いてくれという仕草を見せたことがあった。わたしが下手なりに羽づくろいをしてやると、ボタンはわたしの耳のあたりを掻いてくれた。ときどき、ボタンは警戒心のないネズミを捕まえていた。ボタンの食べ残しを漁りに来たところを襲うのだ。そうしたときに近づいていくと、ボタンは獲物の上にしゃがみ込んで向きを変え、怪我をしていないほうの翼を広げて獲物を隠すのだった。二人分のおやつがないときに、娘の一人がもう一人に対してそれを隠すときの手口に似ていた。

怪我をしたフクロウに餌を与えるのは今もわたしの仕事で、町に出るときに車にはねられて死んだばかりの動物を見つけるのが上手くなった。トウブハイイロリスはよく見つかるのでフクロウの餌になってくれている。忘れられない出来事がある。ある会合に参加するために、スーツを着てネクタイを締めて車を運転していたときのことだ。道路脇に車を停めて、アスファルトの上でぺちゃんこになった動物を見かけた住宅地まで歩いて引き返した。不慮の死を遂げたばかりのリスは、パンケーキのように見えた。何度か轢かれたようで、しゃがみ込んで道路から引き剥がさなければならなかった。顔を上げると、近くで庭に水を撒いている老婦人と目が合った。何か言わなければならないような気がして、それに腹を空かせた我が家のフクロウのことも頭をよぎり、わたしはリスを差し出して見せながら、「昼ご飯なんです」と言った。老婦人は分かったような表情で頷くと、水撒きを再開した。道路脇で死んでいたリスを回収したことなど、特に大したことではないとでもいった表情だった。わたしがこのリスを料理して昼ご飯にすると思ったに違いない。何かいい調理法を教えてもらえただろうかと、後になって思った。

分布域と生息環境

前世紀が四分の三を過ぎるまで、アメリカフクロウの分布域はほぼ北米東部に限られていた。東部の人口増加と長きにわたって関わり合ってきたアメリカフクロウは、環境の変化に適合し、人口に合わせるように個体数を増やしていった。この七十五年で、カナダ南部を横断しながら西に広がった分布域は、北米太平洋岸北西地区にまで伸びている。

アメリカフクロウは、木立が沼地にあろうが小川沿いにあろうが、乾燥した高地にあろうが、とにかく森林地帯に生息する。近縁種であるマダラフクロウと同様、落葉樹と針葉樹が混在する近隣の森を好む。異なるのは、生き延びるために手つかずの原生林に頼る必要がない点である。

食生活

大型で力も強いこのフクロウは、捕食できるものなら選り好みせず何でも食べる習性があり、ハタネズミからウサギやリスまで、獲物となる哺乳動物は多岐にわたる。状況が許せば、浅瀬を歩いて移動し、カエルや魚、ザリガニも捕まえる。ライチョウなどの鳥や自分より小さなフクロウ、特にニシアメリカオオコノハズクも捕食対象となる。近縁種のヒガシアメリカオオコノハズクと違って、ニシアメリカオオコノハズクはアメリカフクロウと共進化してこなかった。そのため、自分より大型の近縁種が近くにいるときに回避するための戦略や行動を発達させるだけの時間的余裕がなく、いとも簡単に捕まってしまうのだ。

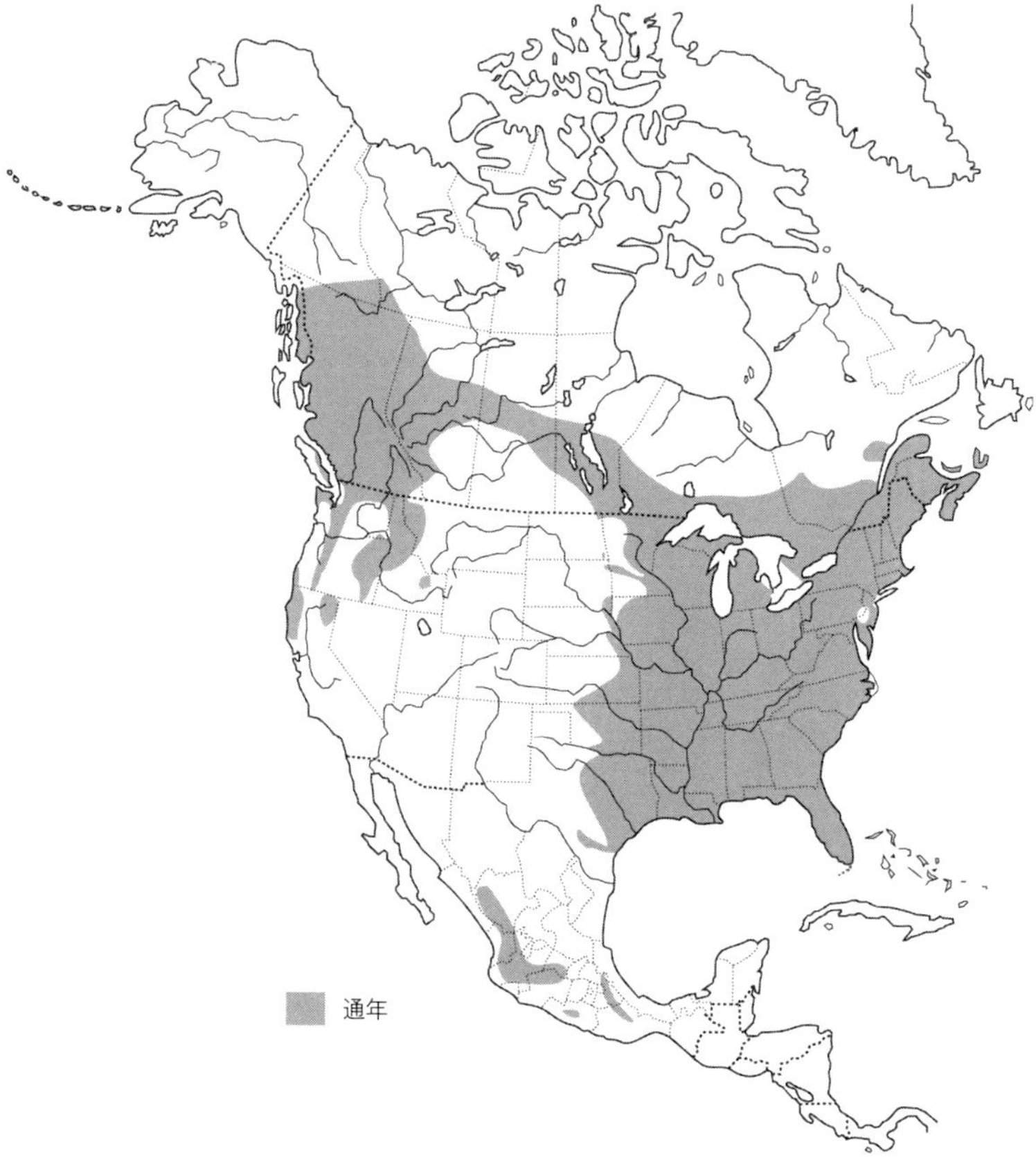

北米に生息するアメリカフクロウの分布図。

鳴き声

アメリカフクロウは、北米に生息するすべてのフクロウの中でおそらく最もよく鳴く種で、昼でも夜でも朗々としたさまざまな鳴き声を聞かせる。「フー、フー、フークックスフォーヨール」という鳴き声は縄張りを主張する際のものとしてよく知られているが、これは雄にも雌にも共通の鳴き方である。「ホーホーホーウ」というのも雄雌問わずよく聞く鳴き声で、つがいの間で連絡を取り合う際に使われているようだ。

ホーホー、クワックワッ、カーカー、ガラガラといった鳴き声は、騒々しいデュエットにつがいで熱心に取り組んでいるときのものだ。

嘴をカチカチと鳴らすのは、他のフクロウと同じく、脅威やストレスを感じているときである。

求愛行動と巣づくり

新年が明ける前からさっそく求愛行動が始まると、雌は雄が提示した巣の候補地の中からひとつを選ぶ。候補に挙がるのは、朽ちた倒木の上や、木の洞、あるいは使われなくなったリスやタカの巣などである。二つから四つの卵が二十八日から三十三日かけて温められ、孵化して五週目には巣立ちとなる。

巣離れしてからも四か月から五か月間は、若いフクロウたちは親フクロウと一緒にいて、餌をもらい続けることも珍しくない。自分で餌を捕まえられるようになって、それぞれ思い思いの方向に飛び立つと、本能的に広い範囲に分散していく。ノヴァスコシアで足輪をつけられたアメリカフクロウが、一年目に千六百キロ近く離れたカナダのオンタリオ州まで移動した例も報告されている。

脅威と保護

メンフクロウと同様、アメリカフクロウも人間が近くにいても動じないようだ。しかし分布域の中には、アメリカワシミミズクやアライグマ、マツテン、フィッシャーなど、巣に入り込んで親鳥も雛もさらってい く捕食動物のいるところがある。

晩夏には、巣立ちしたばかりのアメリカフクロウの死骸をハイウェイ沿いでよく見かける。小型の哺乳動物を追って出ていき、経験不足で車の危険を知らないためにときどきはねられるのだ。フロリダ州からミシシッピ州まで、南部を横断するハイウェイを十五キロ移動する間に、八羽の死骸を見たことがある。

個体数動態統計

傷を負ってわたしが保護したアメリカフクロウは十二年生きた。この種の野生下の平均寿命の二倍に相当する。とは言っても、野生の個体で十八年生きた例もある。

体長　四十三〜六十一センチ
翼開長　百〜百二十五センチ
体重　六百十二〜六百七十六グラム

アメリカワシミミズク（*Bubo virginianus*）

若い頃、目的地に向けて車を走らせているより、ハイウェイ沿いで見つけた死んだ鳥を拾うためにバックさせている距離のほうが長いと、友人たちに指摘されたことがある。そういうところもあったと思う。フクロウの死骸を回収して、皮を剝ぎ、詳しく調べることに関しては、特に時間をかけてきた。しかしそんな日々も遠い昔のことで、今では野生の動物を回収することは法律で禁じられ、制限されている。

わたしが回収できた何羽かのフクロウは、間違いなく有効に活用させてもらった。特にアメリカワシミミズクは、数えきれないほどデッサンをしたり油彩画を描いたり彫刻をしたり、価値ある教材としてももちろん使用させてもらった。あるとき、わたしは娘たちの通う学校で美術の授業を担当していた。わたしの狙いは、いかに自然からテーマを見つけ、それを美術におけるプロジェクトの参考にできるかということだった。

フクロウそのものに対して、子供たちはたちまち畏怖の念を持った。それまでは児童書やテレビ番組、映画、あるいはビデオの中でしか、そのような動物と触れ合うことがなかったのだ。死んでまもない大きなアメリカワシミミズクが近くの道路から拾われてきたのだ。翼を広げると百五十センチを超え、鉤爪は巨大で、嘴は鋭く曲がり、大きな目には今なお一筋の金色の輝きを堪え、印象的な光景だった。二十五人ばかりの中学生たちがみなフクロウの周りに集まってきて、わたしはこの近辺でこのフクロウが占めていた生態的地位について話した。ビロードのような羽毛や鋭い鉤爪の先端に触れ、このフクロウたちがほとんど真っ暗闇の中を音も立てずに飛び、イエネコのような大きさの哺乳動物を捕獲するということを、ある程度の現実味を

ヒガシアメリカオオコノハズクを捕まえたアメリカワシミミズク。

もって感じてもらえたと思う。
芸術家は対象の外見だけでなく内側についても理解しているべきだと言いながら皮剝ぎを始めると、クラスはすぐさま二つに分かれた。「あ、そうですね。面白そう」というグループと、「え、ちょっと待って。気分が悪くなってきた」というグループだ。しかしわたしは構わずに進めた。胸部や上肢、下肢の大きな筋肉が露わになると、フクロウがどういう仕組みで飛んでいるのか、どうやって獲物に摑みかかり、屈服させているのか、子供たちもすぐに理解できた。頭部の皮を剝ぐと、頭蓋骨の眼窩から突き出した大きな目が現われた。フクロウの目の構造がどういう理由からどのようになっているかということについて、続いて起きた短い討論は、実物が目の前になければありえなかったほど活気に満ちていた。

フクロウの体から皮を剝ぎ終えると、わたしは子供たちに（みな、最前列を死守しようと前のめりになっていた）、このフクロウが何を食べていたのか見てみようと言った。開腹すると、腸から空気が飛び出す音や臭いがした。腹腔に手を突っ込んで砂嚢を取り除いた。このフクロウが雄だったことも分かった。わたしは子供たちに精巣を見せながら、これが雌であれば腹腔の上に卵巣があったはずだと教えた。大きく膨らんだ砂嚢を手に持ってみると、大きな齧歯類を呑み込んだばかりのはずだということが分かった。おそらくネズミだろう。子供たちに推測する時間を与えるために少し待って、それから手を突っ込んだ。尻尾を摑んで丸ごと出てきたのはドブネズミだった。後ろのほうの席で何人かが息を呑むのが聞こえたが、成長し始めた生理学者や生物学者、外科医たちは、すべてを理解しようと、それからも解体の様子を近くで見守っていた。

科学と芸術のプロジェクトは、最終的に生徒たちが野生の対象を一連のスケッチに描き、漆喰を使って細部まで彫刻し、完結した。わたしもそのアメリカワシミミズクを対象に同様のことを行ない、整った顔をスケッチし、それを参考に石膏で胸像を制作した。のちに石膏のフクロウから型を取ってブロンズで鋳造し、完成した作品を持って教室に戻り、生徒たちに見せてから、生徒たちの作品に対する指導を行なった。

分布域と生息環境

この種は北極圏からメキシコ、中央アメリカに至るまで大陸中に十六もの亜種がいて、北米に生息する他のどの種よりも広範囲に分布している。

北米に生息するアメリカワシミミズクの分布図。

食生活

アメリカワシミミズクは獲物を選り好みしない。ハツカネズミ、クマネズミ、ジリス、ウサギ、ノウサギからマーモット、ヤマアラシ、スカンク、アライグマ、イエネコまで、哺乳動物を好んで捕食する。小型のフクロウから、オオバンやガチョウ、サギといった大きなものまで、鳥類も捕食対象となる。サギを捕まえると決意したアメリカワシミミズクが、四キロから六キロもの距離を行ったり来たりしながら追いかけていたという報告もある。

鳴き声

「ホー、ホーー、ホーーー」という鳴き声は最もアメリカワシミミズクらしい鳴き方だ。たいていの場合、よく目立つ止まり木にとまって、羽毛に覆われた喉の驚くほど白い部分がよく見える姿勢で、縄張りを主張しているときのものである。巣にいるときのつがいは、よくこの鳴き方でデュエットしている。

叫び声を上げるのは、たいていお腹を空かせた雛が餌を欲しがっているときである。

吠えるように鳴くのは、成鳥が不快感を覚えたときで、他にも、甲高い声で鳴いたり、シューッと息を吐き出すように鳴いたり、クークーと囁くように鳴いたり、意味の解明が待たれる鳴き方がたくさんある。

嘴をカチカチと鳴らすのは、他のフクロウと同様、苛立っているときや嘆いているときである。

求愛行動と巣づくり

アメリカワシミミズクは五年間は一雄一雌制で、獲物が十分に捕れるときは一年を通じて、縄張り内で一緒に過ごしている。

交配の儀式については、アーサー・クリーヴランド・ベントの『生活史』に詳しい。止まり木で雌の隣にとまって、熱心に頭を上下に振ったりホーホーと鳴いたりする雄の様子に関する描写もある。雄は尾をぴんと立てて、くすんだ色合いの羽毛や夜の黒を背景に、嘴の下で白い胸部を膨らませ、頭を上下に揺すって気を惹こうとする。カラフトフクロウやニシアメリカオオコノハズク、アナホリフクロウなどの胸部も明るい色で、求愛行動の際に同様の方法を取ることがある。こうした前段階の儀式が終わると、雄は慎重に雌に近づき、二羽で互いに鳴き交わす。

それから、胸部を膨らませたまま嘴を擦りつけ、互いに羽づくろいをした後、雌が止まり木の上で尾をぴんと立ててうつ伏せになり、バランスを取るために翼を広げた雄がその上に乗りかかり、交尾を行なう。行為は比較的短く、七秒程度で終わる。その間、雄も雌も鳴き続けている。

アメリカワシミミズクは順応性が高く、年末年始あたりには巣ごもりをしている。放置されたタカの巣や木の洞、朽ちた倒木、崖、洞窟などを好む。産卵は早ければ十一月、遅い場合は五月にある。抱卵は最初の卵が産まれた瞬間に始まり、稀に例外はあるが、卵を抱くのも孵化したばかりの雛の面倒を見るのも、もっぱら雌の役割だ。雛は産卵から平均して三十三日で孵化する。

雛の目は、孵化後、一週間以上は閉じたままだ。それでも体重はどんどん増える。孵化したときは二十八グラムという頼りなさだが、二十五日目までには一キロにまで体重が増える。平均すると、孵化して四十五日から四十九日の間に羽毛が生え揃い、それなりに飛べるようになる。巣を出ても、初秋くらいまでは親フクロウと一緒にいて、餌をもらいながら、ちゃんと飛べるようになったり自分で狩りができるように技術を磨いたりする。

脅威と保護

若いアメリカワシミミズクは、巣にいてもうろつき回るアライグマにさらわれたり、地面にいるところを見つかれば、キツネやコヨーテ、アライグマに殺されることがある。捕食動物によるこうした脅威以上に恐ろしいのが、獲物が捕れる期間の最中に餓死する可能性だ。アメリカワシミミズクに関してカナダで行なわれたある研究の結果、巣立った十三羽のうち半分近くが五か月以内に命を落としたことが分かった。生存を左右したのはカンジキウサギの存在だった。

詳しい研究により、結核やヘルペスウイルスの感染も死因となっていることが判明している。肺炎、住血吸虫による感染の影響も受ける。血を吸うブヨやアメリカオビキンバエ、ダニ、蠕虫《ぜんちゅう》といった寄生虫も、フクロウの健康に著しい危険をもたらす。

捕食する獲物が死因となる場合もある。ヤマアラシの棘が突き刺さって死んでいたり、スカンクの分泌物が染みて目が見えなくなったアメリカワシミミズクの例もある。

もちろん、例によって例の如く、ハイウェイで死を迎えることもある。しかし、はるかに深刻な影響をもたらすのは人間の活動である。鳥類のリハビリ施設による報告では、怪我の治療をした百二十五羽のフクロウのうち、半数以上は撃たれたか、足枷の罠に引っかかったかのどちらかだったという。フクロウの直接の死因として、食物となる作物に用いられ、それをフクロウの餌となる小動物が摂取するさまざまな化学物質も挙げられる。免疫システムを危険に晒す有毒物質は最終的にフクロウに回ってくるのだ。

個体数動態統計

アメリカワシミミズクは、最初の数年を生き延びることができれば、北米に生息する種の中では最も長い寿命を享受できる。巣立ち前に足輪をつけた雛が二十一年から二十二年生き、足輪をつけたときの年齢は不明だが、少なくとも二十八年生きた例もある。

体長　四十三〜六十三センチ
翼開長　百二十五〜百五十センチ
体重　一・三〜一・八キロ

コウモリに襲いかかるキタマダラフクロウ。

第5章　変わったところに棲むフクロウ

フクロウはどの種も、姿形においても習性においても、生息環境の資源を有効に利用するようにできている。しかし中には、環境に対して独特の形で適応している種があり、そうした種の運命は、とりわけ特定の条件に密接に関係している。

キタマダラフクロウは、北米太平洋岸北西地区に残る古い森に依存していることで、世間の注目を集める存在となった。小型のサボテンフクロウは、別のところで見られるフクロウだが、獲物を捕ったり雛を育てたりするうえで南西部の砂漠やベンケイチュウの木立に適応、依存した種である。草原地帯や高地の砂漠、広い放牧地が広がるところでは、足の長いアナホリフクロウが自分たちの巣にする場所を提供してくれる穴を掘る哺乳動物の近くで暮らしている。

その他のフクロウに対しては特定の生息環境を厳密に割り当てることはできないが、アカスズメフクロウは開けたメスキートの木立を好み、アメリカ南西部の限られた範囲に広がるオークの森に生息している。一方、近縁種であるカリフォルニアスズメフクロウはアメリカ極西部の山岳地帯や開けた森林地帯を好む。

南西部に生息するヒゲコノハズクの個体数は、高い山岳地帯で見られるスズカケノキの木立と密接に関係している。そこではアメリカコノハズクと一緒にいることがある。アメリカコノハズクの西部での分布域は、針葉樹が生い茂る山岳地帯の開けていて乾燥した成熟林に限定される。

マダラフクロウ（*Strix occidentalis*）

確かにマダラフクロウはつねに論争の中心にいた。しかしマダラフクロウに非があるわけではない。生息環境である原生林の保全と木材産業の雇用促進とのせめぎ合いによるものだ。シャチを除けば、わたしが対象としている世界でこのフクロウほどメディアに取り上げられた種はない。北米太平洋岸北西地区に残る原生林の最後の断片を伐採することに激しく反対することには十分な理由がある。こうした原始の状態を保っている森に、フクロウの生存がかかっているのである。

これまで野生のキタマダラフクロウには何度か遭遇したが、一度、カスケード山脈の北東面に広がるポンデローサマツとアメリカマツが混生する林で出会ったことがある。林野部の職員の承諾を得て、このフクロウが人目を忍んで生息しているエリアに親友である芸術家のトマス・クインと一緒に入らせてもらった。そこで間近で観察し、少しの時間でも共有できればと思ったのだ。親フクロウと雛のいる辺りに案内してもらうときに、ガイドの取ったルートは回り道ではあるがどれも楽しかったと二人で話したことを思い出す。営巣地に続くルートがなぜ回り道だったのか、理由はいくつか思いつく。二人のガイドに案内してもらって森の中に分け入ると、見るべきものや感嘆すべきことがたくさんあったのだが、進み方としては二歩進んで一歩下がるくらいのペースだった。これでは当然、巣に続くルートを自分たちだけでもう一度辿ることはできない。キタマダラフクロウを驚かせないために、ふたたび訪れることはしない。これは一度きりの訪問なのだ。巣のあるところを明らかにさせないもうひとつの理由は、さらに不穏なものだ。どこに行けばキタマダラフクロウに会えるかが知れると、その情報が広く伝わってしまい、たちまち観光客が殺到し、キタマダラフクロウにとって何もいいことがない。それどころか、ここワシントン州ではすでに起きていることだが、このフクロウを撃つ者がときどきいて、そのため原生林からキタマダラフクロウがいなくなり、伐採に反対できなくなっているのだ。

皆伐地を横切って、原生林に足を踏み入れると、一羽の親フクロウと大きな目をした一羽の雛にさっそく出会った。すぐ近くにヤドリギが群生していて、そのてっぺんがフクロウの巣になっているのだと教えられた。わたしたちがおとなしく立ち止まっていると、フクロウたちは特に警戒している様子は見せなかった。親子は、十メートルほど離れたところに立つポンデローサマツの三メートルほどの高さの裸の枝にとまっていた。孤立して生息しているため、恐れることを知らないようだ。わたしたちがやってきて間近で観察していても、最初のうちはむしろそのことに興味を示しているように見えた。キタマダラフクロウの美しさや仕草をできるかぎり記録に残そうと写真を撮ったり、よく見て覚えておこうとしたりスケッチしたりするわたしたちの様子を、頭を上下に振ったり前後に揺らしたりしながら観察していた。十五分もするとわたしたちに飽きたようで、わたしたちが皆伐された斜面のほうに戻る頃には森の奥深くに引っこんでいた。歩いて帰る道すがら、わたしは怒りと哀しみに打ちひしがれていた。絶滅に向かっている種がいた。彼らをそこに追い詰めている力はすべて、わたしたちの営みによるものなのだ。おそらく、二度と一緒に時を過ごすことはないのだろう。

分布域と生息環境

孤立して生息するキタマダラフクロウの将来は、極西部地域に残る針葉樹の原生林にほぼ一〇〇パーセントかかっている。亜種であるカリフォルニアマダラフクロウやメキシコマダラフクロウが、マダラフクロウの生息域をカリフォルニア州北部の海岸から南に向かって、さらに東に向かってユタ州やコロラド州、アリゾナ州、ニューメキシコ州の樹木に覆われた峡谷地帯まで、飛び地という形で広げている。さらに南下すると、メキシコのシエラマドレ・オクシデンタルやシエラマドレ・オリエンタルの山脈地帯に生息している。

この種のフクロウを調査すると、原生林への依存は、ひとつにはこうした多層林が周辺温度の変化に対応するという事実によるところがあると分かる。気温が上がると、キタマダラフクロウは暑さから逃れるために、より深く生い茂って涼しいところに引っこむ。開けた幼齢林には熱が充満しているのだ。キタマダラフクロウは複雑な樹木環境の中で、温度条件が自分たちに最も適した小気候を探して移動している。一般的に老齢の木立は、針葉樹であろうと針葉樹と落葉樹の混生であろうと、亜種も含めてこの種のフクロウがねぐらにしたり巣を作ったり狩りをしたり、獲物が豊富なときは食糧を保存したりするために不可欠である。

食生活

巣やねぐらに関しても必要条件であるように、マダラフクロウの亜種はすべて成熟林に生息する生き物に依存している。オオアメリカモモンガやクロアシウッドラット、フサオウッドラットを好む。アカキノボリヤチネズミやカンジキウサギ、ホリネズミも捕食するし、機会があればコウモリを捕って食べることもある。

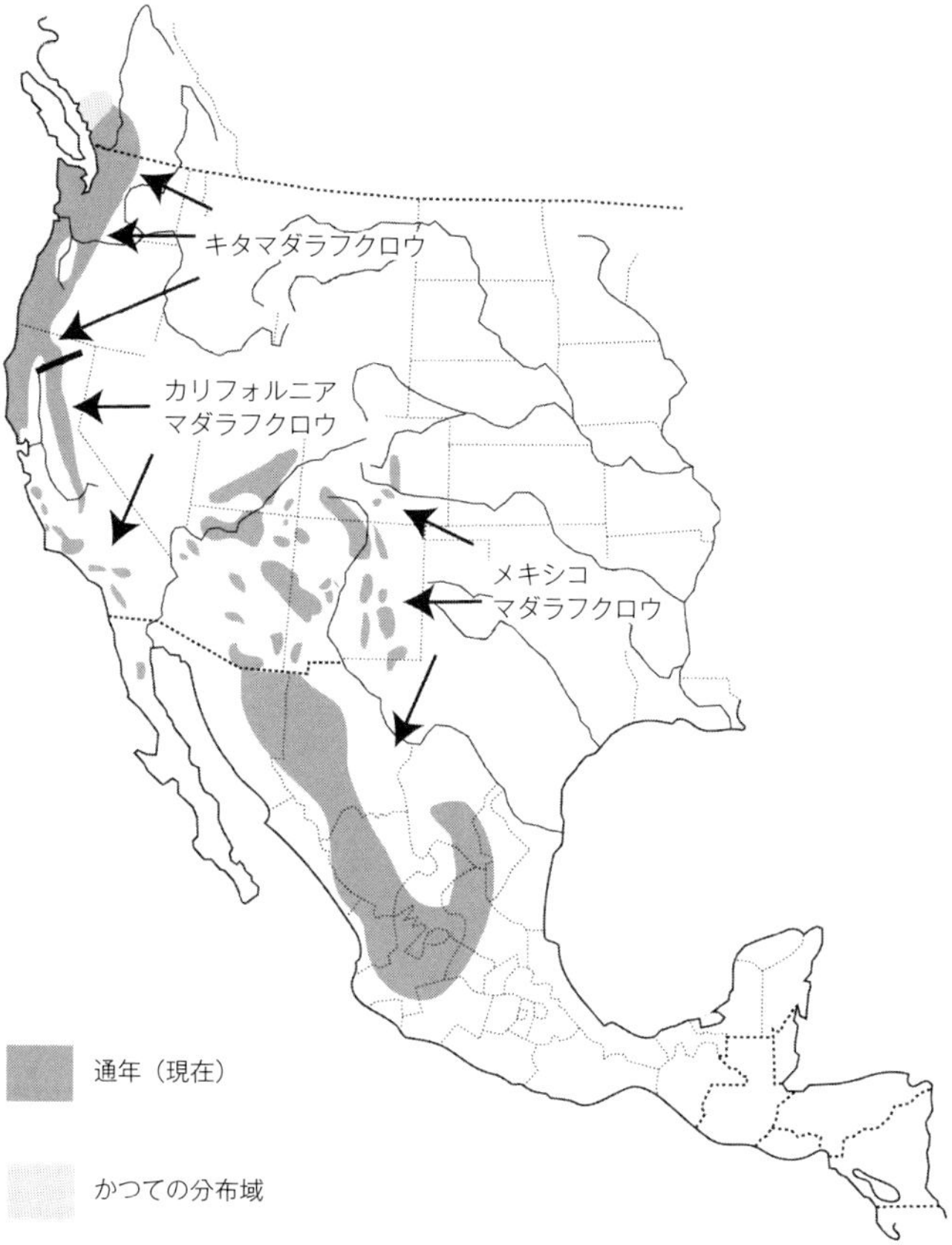

北米に生息するマダラフクロウの分布図。

他の鳥類や昆虫も食べるが、割合からするとほんの一部にすぎない。

鳴き声

縄張りを主張する際には「ホーホーホーホーー」と鳴き、森における自分の居場所を確立し、定義する。求愛の場合もこの鳴き声だが、もっと優しく鳴く。つがいが連絡を取り合う際も同様である。吠えるように鳴いたり、「アウ！　アウ！　アウ！　アウ！」と鳴くのは縄張りを守るときだ。特に夕暮れ時に多く聞かれるが、必要に迫られれば、夜通し鳴くこともある。声を出さずに嘴をカチカチと鳴らして音を立てるのは、イライラしているときである。

求愛行動と巣づくり

分布域の中でも北部では、一雄一雌制のこのフクロウは二月と三月に縄張りのアピールと求愛の鳴き声を上げ始める。三月中旬か四月上旬には営巣地が選ばれ、ヤドリギや木の洞、猛禽類の古い巣、あるいはメキシコマダラフクロウであれば地面にできた穴や岩棚などが利用される。

他の種と同様、卵を温めて雛を孵すのはもっぱら雌の仕事で、その間、餌の調達は雄に任される。卵が産まれて三十日ほどで孵化し、それから三十四日を巣で過ごすと、雛たちの羽毛も生え揃ってくる。さらに二か月程度は親の庇護下にあるものの、雛たちの飛翔技術や狩りの腕前が上達して自立できるようになるにつれて、餌をもらう頻度は減っていく。

マダラフクロウは家族を守らなくてはならない状況下では実に頼もしく、相手がオオタカやカラス、マツテンであってもまったくひるむことがない。人間であっても、雛が狙われていると思うと関係ない。

脅威と保護

オオタカやアメリカワシミミズク、アメリカフクロウ、マツテンは若いマダラフクロウを獲物としてさらっていく。その他にも、餓死は、特に巣立って最初の年は、若いマダラフクロウの生存にとって脅威となる。しかし生息環境の喪失が、種の個体数に影響を及ぼし、壊滅させてしまう力として、依然として圧倒的である。

北米太平洋岸北西地区では、マダラフクロウが生息できる原始のままの環境がわずかに残っているものの、分断されているため、中には順応性の高いアメリカフクロウが個体数を拡大させて、マダラフクロウを駆逐してしまったところがある。この半世紀の間に、アメリカフクロウは損なわれた森に君臨し、若いマダラフクロウを積極的に捕食し、親マダラフクロウとは異種交配し、血筋が希薄になって繁殖可能な混合種が増えてきている。

米国魚類野生生物局は、マダラフクロウへの影響を制限するため、猟師を使って約四千羽のアメリカフクロウを駆除する計画を立てた。これでは問題の解決というよりも仲介役を殺しているだけだ。順応性の高いアメリカフクロウの個体数は元どおりになるだろう。そして利用可能な生息環境を失ったマダラフクロウは、自分よりも大きくて攻撃的な近縁種に追い立てられるのだ。歴史的に見て、森林管理には経済利益がつきものので、原生林がもたらす生態的サービスの回復と保全を真剣に検討するようになったのはつい最近のことである。山火事の管理も同様に軽視されてきた経緯がある。ひとたび火災が発生すれば、森に生息する種、とりわけマダラフクロウを死滅させてしまうくらい広範囲にわたって激しく燃え広がるはずだ。

野生生物局は、一九九〇年代に原生林の木の切り出しを劇的に減少させた。積極的な姿勢ではあったが、若干遅きに失した感は否めない。マダラフクロウの運命は安泰ではない。

個体数動態統計

マダラフクロウは長寿である。ある研究では、百二十三羽に足輪をつけ、雄と雌それぞれ四羽ずつが少なくとも十二年生きたことが分かった。オレゴン州では十六年生きた個体と、十七年生きた個体が確認されている。そのうち一羽は二十五年生きて、今も生存している。

体長　四十二〜四十八センチ
翼開長　百〜百二十五センチ
体重　五百九十〜六百三十五グラム

サボテンフクロウ（*Micrathene whitneyi*）

わたしは、十九世紀の博物学者が博物館に提供するために標本を集めたり、のちには写真に収めるために共同で探検隊を組んで大きな箱型のカメラを引きずって行軍したりといった古い物語を読んで育った。ウィリアム・レオン・ドーソンがいくつかの州に生息する鳥に関する初めての本の執筆に着手した頃、オーデュボンの金字塔とも言える作品が六十年以上にわたってアメリカの鳥類の姿形や情報に関して頼りになる参考書となっていた。ドーソンは、バックパックに詰め込んだ荷物とワゴンに積んだ機材を運びながら、オハイオ州とワシントン州に生息する鳥に関する本を書き上げた。カリフォルニア州に生息する鳥に関する本は四巻に及んだ。この本の中で、彼はサボテンフクロウに関して、今ならきわめて派手と言われそうな表現で、仕上げるのがどれほど大変だったかを記述している。過剰に飾り立てられていようがいまいが、ドーソンの言葉は、人の博物学者が野生生物と親密な関係を築こうとするときに直面する魅力と困難を捉えている。

『カリフォルニアの鳥類』に次のような記述がある。

鳥類学者は梯子を背負ってへとへとになりながら砂漠を何キロも歩く。このために彼は、ヨコバイガラガラヘビやアメリカドクトカゲの生息地に足を踏み入れてしまうこともある。このために彼はいつまで続くのかとうんざりするほどのメキシコハマビシと、気づけば足にまとわりついているカギカズラの棘と格闘することになる。このために彼は、容赦のないウチワサボテンに勇敢にも立ち向かっていく。触れると束になった棘が抜け、踏んでしまうと突き刺さる。このために彼は、足元の不安定なベンケイチュウの丘に登る。必要であれば棘だらけの柱にしがみついて突風に耐え、十五センチ高いところにある目的のものを獲得する（膝や腕に刺さった棘はキャンプファイヤーを囲んだときにゆっくりと抜けばいいのだ）。

カコミスルを威嚇するサボテンフクロウ。

鳥の命名に関しては興味深く魅力的な話がしばしばあるが、サボテンフクロウに関しても面白い話がある。*Micrathene whitneyi* というサボテンフクロウのラテン語名は、地質学者であり現在のアメリカ南西部の初期の調査隊員でもあったジョサイア・ドワイト・ホイットニー名誉教授に因んでつけられたものだ。ホイットニーはこの種を発見したわけでも、何か記述を残したわけでもない。これはジェームス・G・クーパーの業績で、ホイットニーはその偉業を支援していた。彼はアメリカ本土で最高峰のホイットニー山と世界最小のフクロウが自分の名前に由来するという珍しい栄誉を持っているのだ。

分布域と生息環境

ウタスズメほどの大きさのサボテンフクロウは、体重を基準にすると世界最小のフクロウで（体長を基準にするとスズメフクロウのほうが小さいのだが、体重はサボテンフクロウより重い）、アリゾナ州やメキシコのソノラ州の高地にある砂漠で多く見られる猛禽である。繁殖エリアは、アリゾナ州、ニューメキシコ州、テキサス州、バハ・カリフォルニア州、そしてメキシコ北部である。越冬中は、メキシコから中央アメリカの外れまで拡大する。分布全域において、サボテンフクロウは緑の豊かな水辺の低地の砂漠や、その近隣に位置する河畔の山岳地帯にある森林を好み、そこで千メートルから二千メートルほどの高地で巣を作る。

河畔の森には、獲物が豊富で巣にする洞もたくさんあり、ヒゲコノハズクやアメリカコノハズク、カリフォルニアスズメフクロウ、ニシアメリカオオコノハズクといった他の小型のフクロウの仲間と密接に共生している。

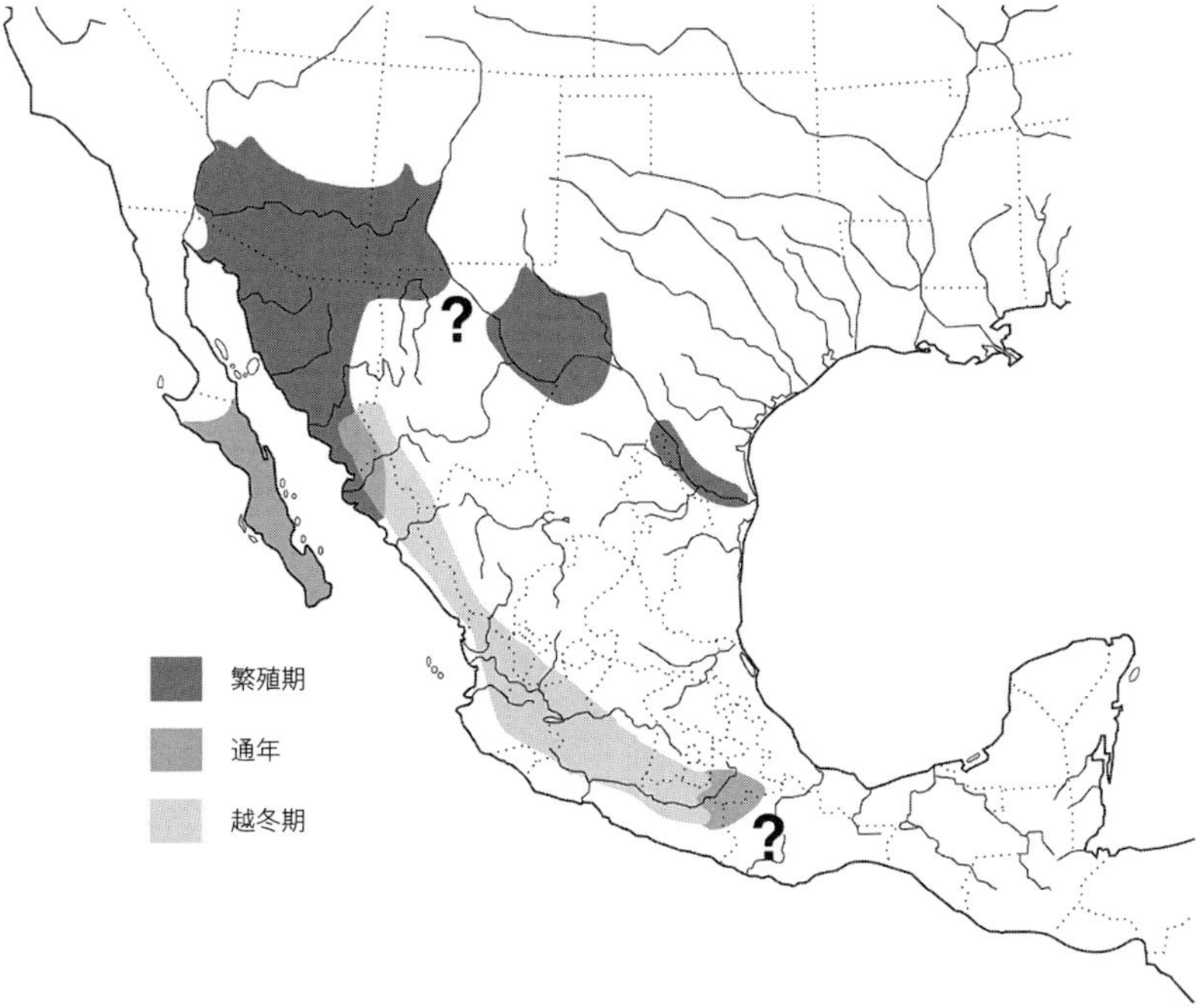

北米に生息するサボテンフクロウの分布図。

食生活

サボテンフクロウは、蛾やカブトムシのような節足動物を特に好む。ヒゲコノハズクと同様、サボテンフクロウもサソリの毒針を取り除くことに長けている。メクラヘビ、トカゲ、ネズミといった脊椎動物も餌食となる。これらが豊富に見つかるときは、後で食べるつもりで洞の中に蓄えておくことがある。

鳴き声

この小型のフクロウが持つ幅広い鳴き声については、デイヴ・リゴン、スザンナ・ヘンリー、フレッド・ゲールバックが記述している。

小さな仔犬の鳴き声にも似たキャンキャンという甲高い鳴き声による歌は、縄張りを主張するときと、求愛の際のレパートリーである。雄はしばしば、自分で選んだ巣の候補の入口にとまって、雌に向かってこの鳴き声を聞かせることがある。

「チュー、ルー、ルー」という鳴き声もこの種の雄に独特のもので、雌に見せたいと思っている巣の候補の洞から飛び立ちながら聞かせる。求愛の過程で、雄が獲物を運んでくると雌は「ルルルルル」と震える音を発し、交尾に至ると「シュー」と鳴く。雛が孵化すると、まもなくピーピーと鳴き始め、甲高く叫ぶようになり、巣から少し離れたところにいても、その鳴き声を聞くことができる。

雄も雌も、縄張りに入ってきた侵入者を見つけると吠えるような鳴き声を上げる。「チューアー、チューアー」というような鳴き声で、続けざまに二度、三度と発する。つがいになると、「ピュー」という口笛のような優しい鳴き声で互いに連絡を取り合っている。

独自の戦略

他の小型のフクロウと同様、サボテンフクロウも直立した滑らかな姿勢で周囲の環境に溶け込む。また、ヒゲコノハズクのように、捕まると死んだふりをする。捕食動物が掴む力を緩めるか、一瞬でも気を逸らすことを期待し、そうなったところで脱出を図る作戦だ。

北部に生息するサボテンフクロウの個体群はそこを後にして、はるかメキシコに向けて渡りをする。ニシアメリカオオコノハズクやヒゲコノハズクの羽毛のように断熱性に優れていないため、冬になると温暖で節足動物が豊富に見つかる南を目指すことになる。

巣づくりは小型のフクロウの中でも独特である。自分たちが利用する前にシマアカゲラの洞を使っていたイエスズメが残していったものから、自分たちに適さないものを取り除いているところが目撃されている。また、アリゾナ州で行なわれた研究では孵化の成功率が九十五パーセントであることが確認されている。小型のフクロウの中では最も高い数値である。

ヒゲコノハズクと同様、サボテンフクロウも同じく洞を巣にするキヌバネドリやヒタキ、カラなど実にさまざまな鳥類や他の小型のフクロウの近くで巣を作る。この小さなフクロウは捕食動物を見つけると頭を目がけて突っ込んでいき、巣を作っているみなで侵入者に気づいた場合は、蜂のように群れて襲いかかる。

求愛行動と巣づくり

標高が比較的低いところでは二月の中旬、高地では四月の中旬頃になると、雄のサボテンフクロウが繁殖地にやってくる。巣の候補地のアピールは雌が到着した時点で始まり、雌が一か所の受け入れを決めると、二羽は三か月、つまり一シーズン続く一雄一雌の関係を築く。

気温や高度によるが、五月初旬から六月にかけて平均して三つの卵が産まれる。通例、卵を抱いたり雛の面倒を見たりするのはすべて雌の役割である。雄は雌や雛のために餌を捕まえて運んでくる。三週間強の抱卵期が過ぎると孵化が始まり、生まれて四週間と数日もすれば羽毛が生え揃う。他の小型のフクロウは羽毛が生え揃ってからも成長するが、サボテンフクロウの場合は弱々しさは残るものの、親と同じ大きさで巣を出て飛び立ち、巣にしていた洞の向こうの枝にとまる。巣離れしたばかりでも、生きているコオロギを捕まえることができる。

巣にしているベンケイチュウが生育している砂漠では、ミナミハシボソキツツキやサボテンキツツキが開けた穴にほぼ全面的に頼っている。最近の研究で判明したことだが、渓谷の斜面や小川沿いなどでヒロハハコヤナギやアリゾナスズカケノキ、ホワイトオークが混生する森林地帯に数多く生息している。ここでも他の小型のフクロウと同様、営巣地を見つけるには穴を開けるキツツキの存在が非常に大きい。

脅威と保護

雛はカコミスルの他、インディゴヘビとネズミヘビに狙われている。アメリカワシミミズク、クーパーハイタカ、メキシコカケスはさらに大型の肉食鳥である。サボテンフクロウにとってもっと日常的な自然の脅威は、厳しい気候に晒されることと、獲物の大部分を占める節足動物の不足である。

ベンケイチュウが掘り起こされたり、伐採されたり、除去されたりすると、営巣地は大きく制限される。南西部の森林地帯と同じで、山火事によって河畔の森林における営巣地が消滅してしまうこともある。

人間による影響は、無知なのか無関心なのか、鉄砲を持った猟師がフクロウはいるかと巣にしているサボテンや木を激しく叩いて飛び立たせようとするときに感じられる。その影響は深刻で、卵や雛を放棄させることにもつながりかねない。フクロウの存在を確かめるために通話アプリの録音機能を使うのも問題だ。ここでも大事なのは教育である。こうした妨害行為がフクロウにどのような影響を与えることになるかが分かれば、そんな過ちを犯すことはなくなるはずだ。

環境に関する教育を行なったり、看板を立てたり、パンフレットを配布したりするだけでなく、他にも予防策としてできることはある。森林が焼き払われたり損なわれたりしてフクロウたちの繁殖の機会が減ってしまったところでは、地元の野生生物局の手引きに従って巣箱を導入することもそのひとつだろう。地元の保護団体や啓蒙サービスもしくは事業団体にスポンサーになってもらい、短期の教育プログラムを実施することも、こうした対策の後押しにつながる。もちろん、フクロウに対する理解や情熱を共有しようと願うボランティアの存在も大きい。

個体数動態統計

サボテンフクロウは飼育下で十四年生きた例が報告されている。五年近く生きた個体に関する報告を読んでいると、平均寿命を正確に測るためにはもっと調査が必要だということが分かる。

体長　十三〜十四センチ
翼開長　三十四〜四十二センチ
体重　三十四〜五十六グラム

アナホリフクロウ（*Speotyto cunicularia*）

その段ボール箱を渡されたとき、気の触れた小鬼がドラムスティックを持って中からバンバン叩いているのかというような音がしていた。それが、アナホリフクロウがわたしのところに届けられたときの第一印象で、今も忘れられない。誰かに保護されたのだが、その人はどう手当てをすればいいのかもどんな餌を与えればいいのかも知らなかったのだ。羽毛に覆われた元気いっぱいの生き物は、ワシントン州東部の高地にある砂漠で厳しく競争の激しい生活に見事に順応していた。このアナホリフクロウはおそらくそこからやってきたらしいが、わたしが施そうとしているリハビリには関わりたくないようだった。サソリやガラガラヘビ、アナグマ、コヨーテらと縄張りを共有していたアナホリフクロウは、わたしのことも恐れるべき陸上の獰猛な生き物で、気を許してはならない存在だと思ったに違いない。

このフクロウは翼が取れてしまっていたが、箱の蓋を開けると、スプリングが設置されていたのかと思うほど勢いよく飛び出してきて、尻尾の短いミチバシリのようにわたしの仕事場を突っ切って駆け出した。行こうとしている先にわたしが向かう前に、アナホリフクロウは本棚の裏の暗く狭いところに入り込んでしまった。懐中電灯を持ってきて照らすと、一番奥のところに体を押しつけるようにしているのが見えた。わたしをじっと睨んでいる。カラフトフクロウやマダラフクロウはもっと好奇心旺盛で寛容だったが、このアナホリフクロウの信頼を少しでも得るには時間がかかることは明らかだった。

アナホリフクロウとの共同生活が始まってしばらくしても、人見知りは相変わらずで、わたしが家で飼育してきた他のどのフクロウ目とも違って、この種には人間を受け入れる余地がほとんどないことを痛感させられた。アナホリフクロウが必要としているだけのスペースを与えるために、わたしは地下に続く穴のある囲いを造ってやった。杭も立てて、小さな岩もいくつか置き、そこで餌を食べたり日光浴をしたりできるようにした。しかしわたしや我が家の飼い犬に気づくと、一目散に地下に通じる入口に駆け込み、見えなくなってしまうのだ。まるで狙いを定めたワシから逃げるジリスのようだった。ときどき、出てくるのを待ってみると、やがて穴からまずは顔だけ出し、そして慎重に姿を見せることもあった。

特に冷たい雨の降った日に餌をやりに出ていくと、姿が見えなかったので杭の上に餌だけ置いておくことにした。しかし数時間後に戻ってみると、餌はさっき置いた杭の上にまだあって、アナホリフクロウのいる気配がない。アライグマが囲いを襲うことがこれまでにも何度かあったので、心配になってきた。しかしアナホリフクロウまでどうすれば近づくことができるのか、思いつかなかった。好奇心を抑えられず、わたしはケージを開けて、アナホリフクロウの穴の通り道に手を突っ込んで探ってみた。暗い入口にわたしが腕を入れるやいなや、穴の奥からカスタネットを連打するようなカタカタというとても大きな音が続けざまに聞こえてきた。ガラガラヘビの立てる警告音にそっくりだったので、わたしは反射的に腕を引っこ抜き、その勢いで後ろにひっくり返りそうになった。本能なのか学習によるものなのか、この毒蛇の物真似はわたしを

カンガルーネズミを捕まえたアナホリフクロウ。

近寄らせないことに成功した。

分布域と生息環境

アナホリフクロウのギリシア語・ラテン語名（*Speotyto cunicularia*）はよく考えられている。*Speotyto* というのは「洞」を表わすギリシア語 *speos* とフクロウを意味する語 *tyto* の組み合わせで、二つめの *cunicularia* は *cunicularius* の派生語で、「穴を掘る人、坑夫」という意味だ。穴はアナホリフクロウの繁殖生活に欠かせない。生息域は西部の草原地帯やフロリダ半島の一部など、南のカリブ海域諸島、さらに南下してメキシコや中央アメリカにまで及ぶ。

アメリカでは元々あった草原地帯が縮小し続ける中、アナホリフクロウは墓地や飛行場、農場などに適当な生息環境を見出すようになっている。さらには大学のキャンパスや定期市の開かれるような場所にも生息域を広げている。地下に穴を掘って棲む哺乳動物と共生することは、地下に営巣地を作り上げる能力の一部として不可欠になっているようだ。プレーリードッグやアナグマ、ジリスが穴を掘り、アナホリフクロウはそうした穴を自分たちの巣の入口として部分的に利用するのだ。

食生活

少年時代にカリフォルニアのインペリアル渓谷まで遠出をしたときは、日中に狩りをするアナホリフクロウを必ず観察するようにしていた。跳ねたり駆けたり広い地面を飛んだりするアナホリフクロウを追いかけ

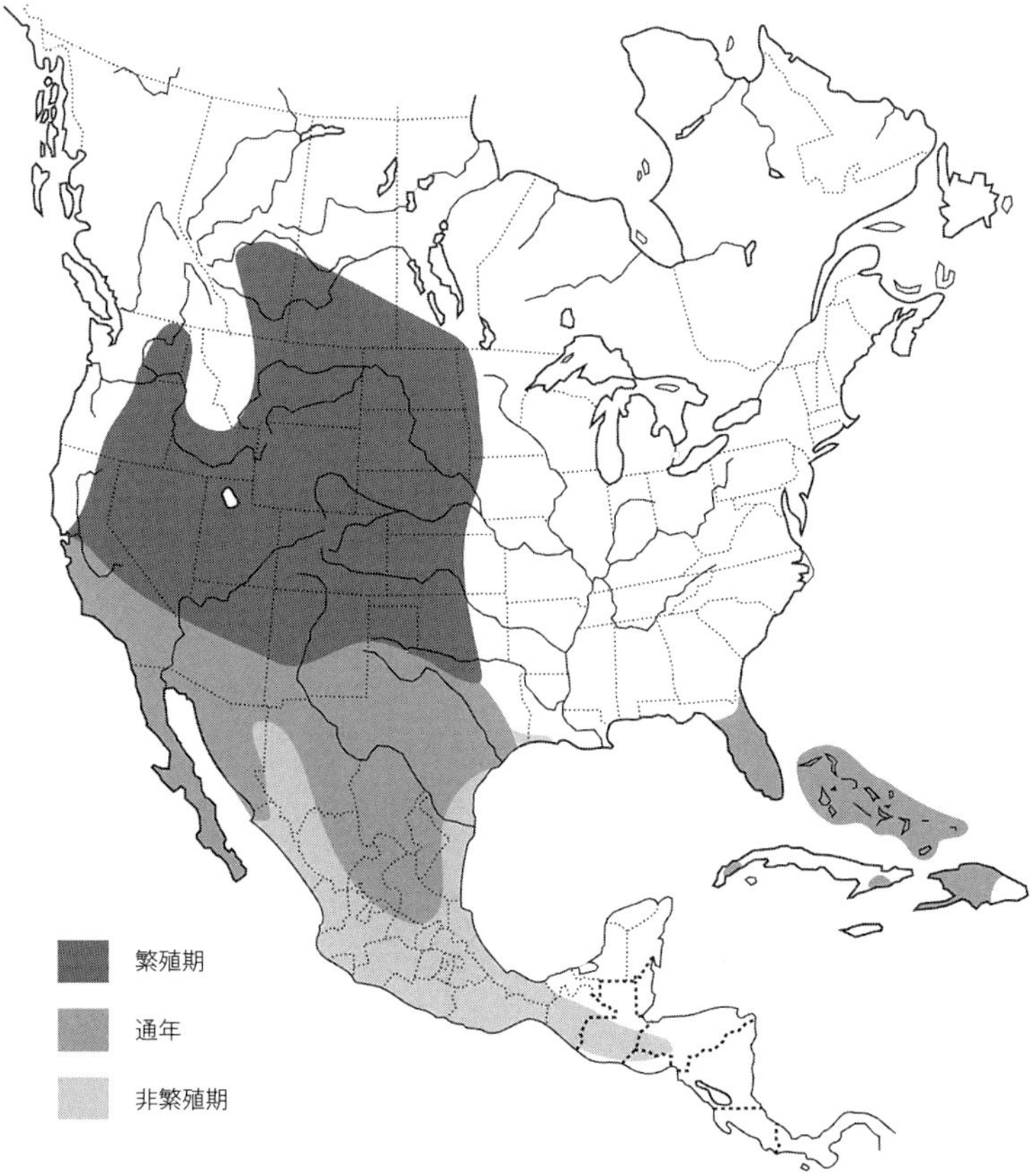

北米に生息するアナホリフクロウの分布図。

たものだ。時間帯にもよるが、サソリやカブトムシやバッタに加えて、カキネトカゲやガーターヘビ、カメ、カエル、ヒキガエルなどいろいろな爬虫類や両生類を捕食する。哺乳動物では、モリネズミやカンガルーネズミ、ハタネズミ、ハツカネズミが狙われる。

鳴き声

ガラガラヘビの立てる音を真似するのが驚くほど上手いだけでなく、アナホリフクロウは他にも印象的な鳴き声をたくさん持っている。「クー、クー」というのは主に縄張りを主張するときの鳴き方で、雄だけが発する。交尾の際に雌は声を震わせてさえずり、雄も「クー、クー」という鳴き方に少し変化をつけて鳴く。わたしもよく知るガラガラという音は、ガラガラヘビの立てる音に似せたもので、脅威を感じたときに出す。軋るような鳴き方は若いフクロウや抱卵中の雌が発する。「イープ」という鳴き声は、孵化して二週間ほどの雛が苛立っているときや餌が欲しいときに聞かれる。カチカチという音や叫び声、おしゃべりのような鳴き声は巣を守るとき、嘴を鳴らすのは苛立ちを表わすときや脅威に直面したときである。

求愛行動と巣づくり

アナホリフクロウは、三月には始まって五月まで続く巣づくりの期間を通じて、たいていは一雄一雌制である。この積極的なフクロウは、アナグマやマーモット、プレーリードッグなどが放置した古い巣を利用するが、嘴や足の先を使って自分で穴を掘ることもでき、ほんの数日で数メートルを掘ってしまう。

一・八メートルほど続く下り坂になったトンネルが入口になっている。トンネルの奥には大きな部屋の入口があり、雌はそこで卵を産む。牛糞で部屋の内側を部分的に覆っていることもある。捕食動物に自分の匂いを感づかせないための工夫と考えられている。穴そのものの周囲に家畜の糞が置いてあるのは、それでフンコロガシをおびき寄せて捕食するためだろう。

雌は七つから九つもの卵を一羽で温め、抱卵期は三十日に及ぶ。孵化から二週間が過ぎる頃、雛たちが地面から顔を覗かせて初めて地上の世界を見る。他の種と同様、抱卵期や雛の成長の初期段階に家族に餌を運んでくるのは雄に任されている。六週目までには雛は巣の周りを飛び回るようになり、巣立ちの準備が整う。

脅威と保護

生息環境を共有している穴を掘る哺乳動物もまた、アナホリフクロウを捕食する主な肉食動物である。スカンク、イタチ、オポッサム、アナグマは、アナホリフクロウの一家に襲いかかる。近隣に生息するアメリカワシミミズクやソウゲンハヤブサ、アレチノスリ、アカオノスリ、ケアシノスリ、そしてクーパーハイタカも、アナホリフクロウの天敵となる。

アナホリフクロウの個体数は減少傾向にある。蔓延する脅威は拡大する農業利益である。以前は乾燥していた土地に移動しても農業は灌漑によって勢いづき、アナホリフクロウの生息環境だった場所を巨大な農場に変え、ヒマワリやサトウダイコン、ジャガイモ、他にも枚挙に暇がないほどの作物が育てられている。作物の生産のために使用される除草剤や殺虫剤も、やはり脅威となる。こうした有毒物質は食物連鎖を通じてアナホリフクロウにも届き、生命を危険に晒すからである。

この愛らしいフクロウの損失を抑えるために、生息に適した環境を保全するだけでなく、狩場としても、共存し営巣地の点で依存している穴を掘る哺乳動物が生息するにも、ふさわしい状態でなければならないということを考慮する必要がある。アナホリフクロウの飛翔経路や狩場と交差する道路を制限したり迂回させたりすることも、車に衝突して命を落とす個体の数を減らすことに確実につながる。

アナホリフクロウは新しいエリアに移されて成功した例で、地下に埋めた巣箱に運よく反応を示すようだ。そこには穴を掘る哺乳動物はいないが、獲物は見つかる。ここにも見張り場所を設ければ、アナホリフクロウがそこにとまって獲物を探したり、近づいてくる捕食動物がいないかどうか確かめることができる。毒性のある殺虫剤はアナホリフクロウの巣から二百五十メートル以内のエリアでは使用を禁ずるべきである。さもないとフクロウに被害が及んでしまう。

もちろん、人々の関心を高め、アナホリフクロウに対する責任を意識してもらうには、教育が重要な役割を担っている。昼行性のこのフクロウは、かなり離れたところからでも容易に観察することができ、生徒のクラスや大人の団体にとって刺激的な直接体験となる。環境収容能力や異種間行為、適応、捕食者と被食者の関係に関連する科学的概念は、そうした「野外生活」での体験から探求可能なテーマとしては、ほんの一部にすぎない。野生の生息環境にいるアナホリフクロウの姿を見たり声を聞いたりするという美的快楽は、何物にも代えられない。

個体数動態統計

アナホリフクロウの寿命に関しては、よく分かっていない。足輪をつけた個体が少なくとも八年生きたという例は報告されている。

体長　十九〜二十五センチ
翼開長　五十〜六十センチ
体重　百四十二グラム

アカスズメフクロウ（*Glaucidium brasilianum*）

鳥類の世界に魅せられたわたしたちにとって、種に関する詳細な情報を収集するために犠牲にならなくてはならない個体があるということに気がついたとき、それなりのショックを受ける。体長や体重を計測し、食生活や健康面全般に関して詳細に調査しようと思うと、観察だけでは足りない。初期に活動した芸術家兼博物学者の多くは、生きていようが死んでいようが、実際に鳥を手に取ってみることで情報を得ていた。鳥類の挿絵を描いた偉大な博物学者ルイス・アガシ・フエルテスと研究を共にしたジョージ・サットンは、彼と同様、研究旅行で何度もアメリカやメキシコを探検する中で集めた研究対象の第一印象を、デッサンや油彩として残すことができた。印象を芸術にまで高めた彼の作品の多くには、同じ鳥類をテーマにしたものでも現代アートには欠けている生命力が漲っている。確かにシンプルではあるが、サットンが実地で触れ合った対象との体験に基づいており、手に取ったフクロウに対して抱いた興奮や敬意が感じられる。いくつかの作品からは、標本を見つけた場所やそのテーマに対する感情的な結びつきが伝わってくる気がすると言って

カエルを追うアカスズメフクロウ。

も、決して過言ではない。

サットンの著書『メキシコの鳥類――第一印象』に、アカスズメフクロウを収集した際のエピソードが書かれている。対象に関する見解を展開するうえでしばしば芸術家に求められる熱意や労力について、非常に具体的である。ユカタン半島の森を探検したサットンは、酷暑について言及し、「マダニが体を這っていった」と書いている。珍しい種を収集すれば興奮して士気も高まるが、「ツツガムシを取り除き、モンキチョウを食べ、服を払ったり干したり、虫に刺されたところにヨードチンキを塗ったり、そうした日々のつらい作業に神経を悩まされ、疲弊した」とある。

アメリカヨタカとホイッパーウィルヨタカを探して夜通し歩いた後、日の出と共に野営地に戻ってきたサットンは、低く生えたパルメットヤシに繰り返し飛び込むハチドリの姿を目にした。見ていると、驚いたことに「小さな茶色いドアノブ」が葉柄から現われて、ハチドリが攻撃してくるたびに引っ込んでいるのだ。双眼鏡を取り出して観察すると、それはドアノブではなく「身を縮こめた金色の目のアカスズメフクロウ」だった。サットンは『メキシコの鳥類――第一印象』の中で、その瞬間のことを次のように記述している。ぜひ皆さんにも読んでいただきたい。


どうなるのかと見ていると、フクロウの目が鋭く光っていることに気がついた。ハチドリは我をも忘れんばかりに敵意を剥き出しにしている。通常、フクロウと言えば日の出までは中にこもっているはずなのに、このフクロウは一日中、小さな熊のようにお腹を空かせて狩りをするために外に出ている。どうしてハチドリを捕ろうとしないのか。賢明にも、エネルギーを浪費するだけだと判断したのかもしれない。信じられないくらい小さいので、ハチドリが不自然なほど大きくて狂暴に見えてくる。翼が唸りを上げ、喉元の斑点が光を反射し、小さな怒りが攻撃に向かったとき、フクロウは目に見えて分かるほど、小さく縮こまった。

同じ日、しばらくしてからサットンはまた別のアカスズメフクロウに遭遇した。標本を探していたので、小川の上に伸びた止まり木にいるところを撃って収集しようとした。サットンは、岸からかなり離れた深いところに落ちてそのまま流されていくフクロウを見て慌てた。せっかく仕留めた獲物を回収すべく、着ていた服を脱いでいると、一匹の魚が水面に上がってきて、やがてフクロウを水中に引きずり込んでいくのが見えた。サットンはさらに慌てた。幸い、フクロウは魚の口から逃れて水面に上がってきた。その瞬間、サットンはこうなったら水中のライバルを撃つしかないと思い、川に飛び込む前に魚を目がけて発砲した。

小川からフクロウを回収することは、この貴重な標本を救出するうえで直面することになる数々の困難の始まりにすぎなかった。ずぶ濡れになったフクロウは、当然すぐには乾かず、毛羽立てたり体をぶるぶる震わせたりしないかぎり、元のふわふわの姿には戻らない。死んでいるので、魚に嚙まれてひどく損傷していることが分からないように、サットンは羽根を元どおり全身にくっつけることにした。じめじめと蒸し暑い気候の中、簡単な作業ではなく、死骸や内臓の腐敗も早く進行してしまうため、皮を剝いだりフクロウが何を食べていたかを調査することはほぼ不可能だった。しかしこれでもサットンはよくやったほうである。

分布域と生息環境

アメリカでは、アカスズメフクロウはアリゾナ州南部とテキサス州の最南端にしか生息していない。主な

北米に生息するアカスズメフクロウの分布図。

分布域はメキシコと中南米である。アリゾナ州南東部では、基本的に河畔の森や標高三百メートルから千三百メートルのメスキートの群生地で見られる。テキサス州の最南端では、オークの立木や「野生の馬の砂漠」にあるメスキートの木立に生息している。メキシコと中南米では、標高千二百メートル以下に広がるさまざまな熱帯生態系の周縁部に生息環境を形成している。

食生活

バッタやコオロギなど昆虫を好むが、テキサス州やアリゾナ州では爬虫類や鳥類、小型の哺乳動物も捕食する。止まり木から飛び立って急襲するというのが主な作戦だが、小さな鳥が巣にしている洞を探って雛がいないか確かめることもある。洞が空っぽであれば、捕まえた獲物の隠し場所として利用できる。最も近縁の種であるカリフォルニアスズメフクロウと同様、自分と同じくらいの大きさ、もしくは自分より大きいものでも捕食できる。サバクカンムリウズラやコトンラットを捕まえたという記録も残っている。

鳴き声

「ピー、ウィー」という鳴き声は、脅威に晒されたときや縄張りに侵入されたときの警告声として発せられる。

さえずるような声は、若いフクロウが餌を欲しがるときの鳴き方で、雌が雄に獲物を捕まえてきてもらいたいときにも同じ鳴き方をする。

「ブーブー」という鳴き方は、雄が雌に対して縄張りをアピールする際に使われ、五秒から十秒程度の間隔を置きながら続けて発せられる。粘り強い雄は、縄張りを定めるときや雌に求愛するときには最長で五時間もこの鳴き声を響かせていることがある。

「チュ、チュ、チュ」という鳴き声は、お気に入りの止まり木にとまっているときに聞かれ、縄張りを主張する際にも使われる。

求愛行動と巣づくり

テキサス州では、渡りをしないこのフクロウは一年を通して縄張り内に留まっている。巣の周りで縄張りとしているエリアは、半径三百五十メートルから六百メートルに及ぶ。一月上旬には雄が雌に対して営巣地の候補を提示するため、縄張りの防御が熱心に行なわれるようになる。オークやハヒロハコヤナギ、メスキート、トネリコ、ベンケイチュウの木立にキツツキが作った穴を好む。

雌は三月までに洞をひとつ選び、平均して三つから五つの卵を産む。最初の卵が産まれた瞬間から抱卵期に入る。四月中旬までに、二十五日から二十七日かけて卵が孵化する。雌が一羽で卵を温め、孵化してからも三週間は雄の力を借りずに雛を育てる。雌が巣の中の責任を引き受けている間、雄は獲物を捕まえて巣に運び続ける。

孵化して四週目に入る頃には、雛たちの羽毛も生え揃ってくる。さらに八週間もすれば、雛たちが獲物を見つける技術も上達し、親に餌を頼ることもなくなり、親の縄張りから思い思いの方向に飛び立っていく。

アカスズメフクロウは他の小型のフクロウと同じ捕食動物に狙われる。特にクーパーハイタカとアメリカワシミミズクは天敵である。アライグマも卵や雛を狙って巣を襲ってくる。

それ以上に広範囲にわたる脅威と言えば、ほぼ間違いなく自然のものではなく、人間の営みによる生息環境の分断化である。徐々にではあるが、その手を緩めることはない。特にアメリカ南西部では、農地拡大の他にも宅地開発やリゾート開発などによる生息環境への影響のため、狩りや繁殖のための選択肢が減少している。逆に、アカスズメフクロウの生息環境が損なわれずに残っているところでは、人間によるある程度の自然破壊にもこのフクロウは耐性があるように思われる。人間が巣を観察していても、雌は気にせず抱卵を再開する。

選択肢として自然の木の洞が減少してしまった地域に置いた巣箱が、アカスズメフクロウにどの程度の利益をもたらしているのかは明らかになっていない。もちろん、人間の利害とアカスズメフクロウの活動が交錯するところでは、この種に関する教育的な情報が重要になってくるということに疑問の余地はない。巣の場所や狩場に直接の注目を集めなくとも、アカスズメフクロウにとっての環境面での必要条件を維持することや、アカスズメフクロウが近くにいるときの適切な行動指針の重要性について慎重に言及することはできるはずである。

アカスズメフクロウには四種の幅広い亜種が存在する。特定の環境で生き延びることに順応した亜種もあれば、孤立して生息する亜種もあるということだ。このような順応を理解することは生息環境の保護に役立つだろうし、アカスズメフクロウが生きていくための基本的な条件を維持するためにも大事なことだろう。

個体数動態統計

アカスズメフクロウの寿命に関しては情報があまりないのだが、足輪をつけて巣づくりをしているテキサス州のつがいを研究した結果、足輪をつけられたエリアで巣を作ってから四年経っていたことが分かっている。

体長　十六〜十八センチ
翼開長　三十七〜四十一センチ
体重　五十六〜八十五グラム

カリフォルニアスズメフクロウ（*Glaucidium gnoma*）

ある冬のこと、家の明かりを消すとまもなく、部屋から部屋へと移動するブンブンという羽ばたきの音が聞こえてきたものだ。この音が寝室に入ってくると、小さな影が動くことで頭上にできるわずかな気流の乱れを感じることができた。軽く輪を描くように飛び、やがて勢いを増し、徐々にスピードをつけて暗い廊下に飛び込んでいって、探索を始める。カリフォルニアスズメフクロウが我が家にいた短い時期は、夜になるとだいたいそんな感じだった。

カンムリウズラを捕まえたカリフォルニアスズメフクロウ。

認可を受けた鳥類標識調査員が設置した、ハヤブサを想定した生け捕り用の罠に捕まったこの小さなフクロウには、少しリハビリを施してやる必要があった。それで我が家にやってきて短期間を一緒に過ごすことになったのだが、おかげでわたしは研究することもできたし、野生に帰す準備をすることもできた。小型だが獰猛で、囲いの中のケージを受け入れるような性格ではなかった。それに、すぐに分かったことだが、家の中の制限付きの自由など、このフクロウにしてみれば監禁されているのと同じなのだ。じっとしていない性格に対処するため、わたしたちはカーテンの下に新聞を広げた。カーテンの上がお気に入りの止まり木になっていたのだ。家具の裏も好きなようだった。わたしは濡らしたタオルとモップをつねに手元に用意していた。

この頃、我が家で社交の機会が設けられても、その様子は他とは少し異なっていた。チョウゲンボウやコチョウゲンボウ、それにフクロウがしばしば飛び交っているのだ。実際、わたしの親友で芸術家のフェン・ランズダウンはブリティッシュコロンビア州のヴィクトリアにある彼の家からやってきて、基本的に居間となっている鳥小屋の中でわたしと合流することがよくあり、わたしたちはおしゃべりをしながら、カリフォルニアスズメフクロウが活発に行動していたりしていなかったりする様子を間近に観察することができた。

我が家はそれなりに広く、ときおりリハビリ中のフクロウのために獲物を招き入れてやることがあった。フクロウたちはこれからも生きていくのだから、わたしが世話する短い時間の中で、雛たちは肉食鳥としての技術を上達させなければならないし、成鳥たちも鋭敏な感覚を取り戻さなければならないのだ。このカリフォルニアスズメフクロウは、空腹時には特に躊躇がなかった。カーテンの上から飛び立って、もぞもぞと動いているハツカネズミをかっさらうと、さっと息の根を止め、食べるためにとまる場所を探すのだ。この行為にはいくらか調整する必要があった。食べるための場所はタオルや新聞で適当に保護しないと、後からかなり面倒なことになることもあった。

カリフォルニアスズメフクロウはすぐに回復し、野生に帰せる日が来た。環境が自然に近いため、問題なく本来の生息環境に戻っていけるだろうと判断し、我が家で解き放つことにした。もし難しそうであっても、ずっと見守っていればまた回収できるだろうから、リハビリを再開するつもりだった。そんな心配は無用だった。解き放ってから一時間もしないうちに、近くの小川に続く小道沿いのヒマラヤスギの茂った枝々の間から羽根が舞い降りてきた。見上げると、小さなフクロウが捕まえたばかりのユキヒメドリの羽根をむしっていた。

分布域と生息環境

カリフォルニアスズメフクロウの分布域は、アラスカ州南東部から南はカナダのブリティッシュコロンビア州にあるロッキー山脈、アルバータ州、そしてオレゴン州、ワシントン州、カリフォルニア州北部の内陸部と海岸沿いの山脈地帯に及ぶ。アイダホ州やモンタナ州、コロラド州、アリゾナ州、ニューメキシコ州のさらに深い山岳地帯にも棲みついていて、南下してメキシコや中央アメリカでも確認されている。低地でも、標高千二百メートル程度の高地でも、森林地帯を好む。森林に棲む多くの小型のフクロウと同様、自然にできたものにせよ、キツツキが開けたものにせよ、洞のある木は欠かせない。

食生活

アメリカコノハズクやヒメキンメフクロウなど同程度の大きさの他のフクロウは昆虫を好むが、この元気いっぱいのカリフォルニアスズメフクロウは哺乳動物や鳥類を好む。トガリネズミからアメリカアカリスまでさまざまな大きさのものを捕食する。ハツカネズミ、ハタネズミ、シマリスも捕食対象である。カリフォルニアスズメフクロウは決然としたハンターで、ハチドリまで捕まえてしまう。体重が自分の二倍以上あるカンムリウズラを捕まえていたという記録もある。獲物のサイズも大きければ、食欲も旺盛である。飼育下にあって繁殖もせず、あまり活動的でない個体でも、一日に自分の体重の四分の一に相当する量を食べる。野生のスズメフクロウは、一日に自分の体重の約半分に当たる獲物を捕食している。

スズメフクロウは、聴覚による刺激を受けるために頭蓋骨に開いている穴の位置が左右対象になっている。

北米に生息するカリフォルニアスズメフクロウの分布図。

昼行性なので、獲物の音を聞きつけるよりも獲物の姿を認めて急降下して襲いかかるからだ。さらに、他のフクロウの羽毛は柔らかく、飛翔時の音を弱める役割を果たしているが、スズメフクロウの羽根は硬い。獲物を捕まえるのに密やかに行動する必要がほとんどないという点で、カリフォルニアスズメフクロウはむしろモズに近い。

鳴き声

「ブーブー」という鳴き声は、雄が縄張りや巣の候補地をアピールするときのもので、繁殖期に入った頃に始まり、それが終わるまで続く。

「ピーピー」という鳴き声は、餌を欲しがる雛が発する。

交互に「ブーブー」と鳴き交わすのは、つがいの雄と雌である。

交尾の際には、震えるような声を短く発したり「ブーブー」と鳴いたりする。けたたましくさえずるのは苛立っているときである。

求愛行動と巣づくり

カリフォルニアスズメフクロウは冬になると標高の低いところに移動するが、渡りをするわけではなく、繁殖期を通じてつがいの相手と一緒に過ごす。晩冬には雄は鳴き声を聞かせて雌に求愛し、巣の候補地として自分が選んできた洞を見てくれるようにと誘う。巣をどこにするか選択する間、雄と雌はデュエットを奏でたり、安全な場所であれば交尾に発展したりする。

四月から六月にかけて、雌は五つから七つの卵を産む。たいていは、人の手が入っていない成熟林の中の立ち枯れの古木にキツツキが開けて放置された穴が利用される。そこを営巣地にすれば、生い茂る自然の天蓋がついてくる。抱卵期は二十八日ほどで、その間は雄が雌と雛に獲物を捕まえてくる。雛に対しては、孵化後も少なくとも一週間は餌を運んでくる。

孵化して四週目に入り、二、三日すると、一日から二日の間隔を置いて、雛が巣離れを始める。まだ飛ぶことはできないが、それでも洞を飛び出して、すぐ近くに止まり木を探したり、地面まで下りていったり、下りていったと思ったらさっそくよじ登るところを探したりしている。しかし、飛び跳ねたり羽ばたいたりを何日か繰り返しているうちに、短い距離なら飛べるようになり、親フクロウが運んでくる獲物に対して、早く早くというようなさえずりで反応するようになる。

脅威と保護

カリフォルニアスズメフクロウは、森の中の生息環境を共有している樹上性の哺乳動物（マツテン、それにときどきアライグマ）以外に天敵となる捕食動物はほとんどいない。マダラフクロウは、カリフォルニアスズメフクロウを頑張って捕食するだけの価値があると思っている数少ない肉食鳥である。

確かに、西部に残る成熟林を伐採し続けると、森に依存するカリフォルニアスズメフクロウは影響を受ける。理想の営巣地であり、狩りの際には絶好の見張り場所となる立ち枯れの古木を取り除くという植林のやり方は、フクロウの繁栄にとっては不利益となる。スズメフクロウのいる森で昆虫の数を抑制するために殺虫剤をまんべんなく撒くことの影響については、研究が待たれるところである。しかし、こうした有毒物質が森に生息する脊椎動物の体内に蓄積し、ＤＤＴの使用ではっきりと示されたように、カリフォルニアスズメフクロウの繁栄に悲惨な影響を与えうることは疑う余地がない。

見晴らしがいいように床から天井まで大きな窓をつけた開放的な山荘の建設が進む中、フクロウなど森に棲む鳥たちはこうした透明な障害物に飛び込んでいって、文字どおり致命的な代償を支払っている。

洞を好む鳥たちのために巣箱を活用することを検討するようになったのは、ほんの最近のことだ。木立の近くで伐採されたあたりに巣箱を設置し、開けたところに止まり木を提供すれば、フクロウの要求を完全に満たすことができる。小さな哺乳動物や鳥類は、新しい木々が成長するまで一時的に森の開けたところに生息するはずだ。

昼行性のハンターであるカリフォルニアスズメフクロウには比較的容易に近づくことができるため、熱心な学生たちを野外に連れ出して自然を観察させる教育プログラムに利用するには最適の種である。営巣地を突き止めるのはきわめて困難だが、秋や冬になってカリフォルニアスズメフクロウが狩りをしていることが分かっている場所に行き、小型望遠鏡を使って観察すれば、その訪問は記憶に残り、刺激にもなるだろう。他のフクロウと同様、その姿を一度でも目にすれば、わたしたちの自然の遺産の一部として大いに愛おしく思い、決して忘れられなくなるだろう。

個体数動態統計

気ままで活発なカリフォルニアスズメフクロウの寿命は、アカスズメフクロウとよく似ているようだ。記録では、寿命は四年となっている。

体長　十六〜十八センチ
翼開長　三十七〜四十一センチ
体重　五十六〜六十グラム

ヒゲコノハズク（*Megascops trichopsis*）

チリカワ・ワカ峡谷の山腹沿いのホワイトオークやアリゾナスズカケノキの木立を散策していると、過去のさまざまなことが感じられる。十九世紀が終わりに近づく頃、アパッチ族はここで主権を維持しようと、秘密の砦を築いた。自然史に関しても独特である。この地域の鳥類の生態は、アメリカ国内の他の地域では見られないほど変化に富んでいる。特にフクロウは存在感があり、マダラフクロウやアメリカワシミミズクは低音域の鳴き声でよく夕暮れ時を知らせている。夜を徹して、この鳴き声による前奏曲の後に、ホーホーという鳴き声や震えるような鳴き声が続く。小型のフクロウが至るところで聞かせている鳴き声だ。巣となっている木や穴を開けるキツツキ、さまざまな狩場のおかげもあって、サボテンフクロウやニシアメリカオオコノハズク、それにもっと高地に行けば、ヒゲコノハズクにスズメフクロウ、アメリカコノハズクも生態系という大きなコミュニティの一部なのだ。

ヒゲコノハズクは、北米に生息するフクロウの中では最も最近になって研究対象となった種である。二十

サソリの体を引きちぎるヒゲコノハズク。

世紀初頭になるまで、この種の習性の多くは科学の知るところではなかった。近縁種であるニシアメリカオオコノハズクやヒガシアメリカオオコノハズクより少なくとも三分の一は体が小さく、虹彩がより深い黄色だという点や、顔盤の外縁から何本も長い剛毛羽が伸びている点も特徴的である。

分布域と生息環境

この小型のフクロウは、高地にある河畔の渓谷の森林に適応し、標高千メートルから二千九百メートルに生息している。種として認められたばかりの頃は珍種とされていたが、実際は、最適な生息環境においては、洞を巣にする小型のフクロウとして最も豊富にいる種のひとつである。

渡りをせず、アリゾナ州南東部やニューメキシコ州南西部の辺鄙な片隅に落ち着いている。分布域は南に向かってメキシコの山岳地帯や中央アメリカの一部にまで及んでいる。一年を通じて縄張

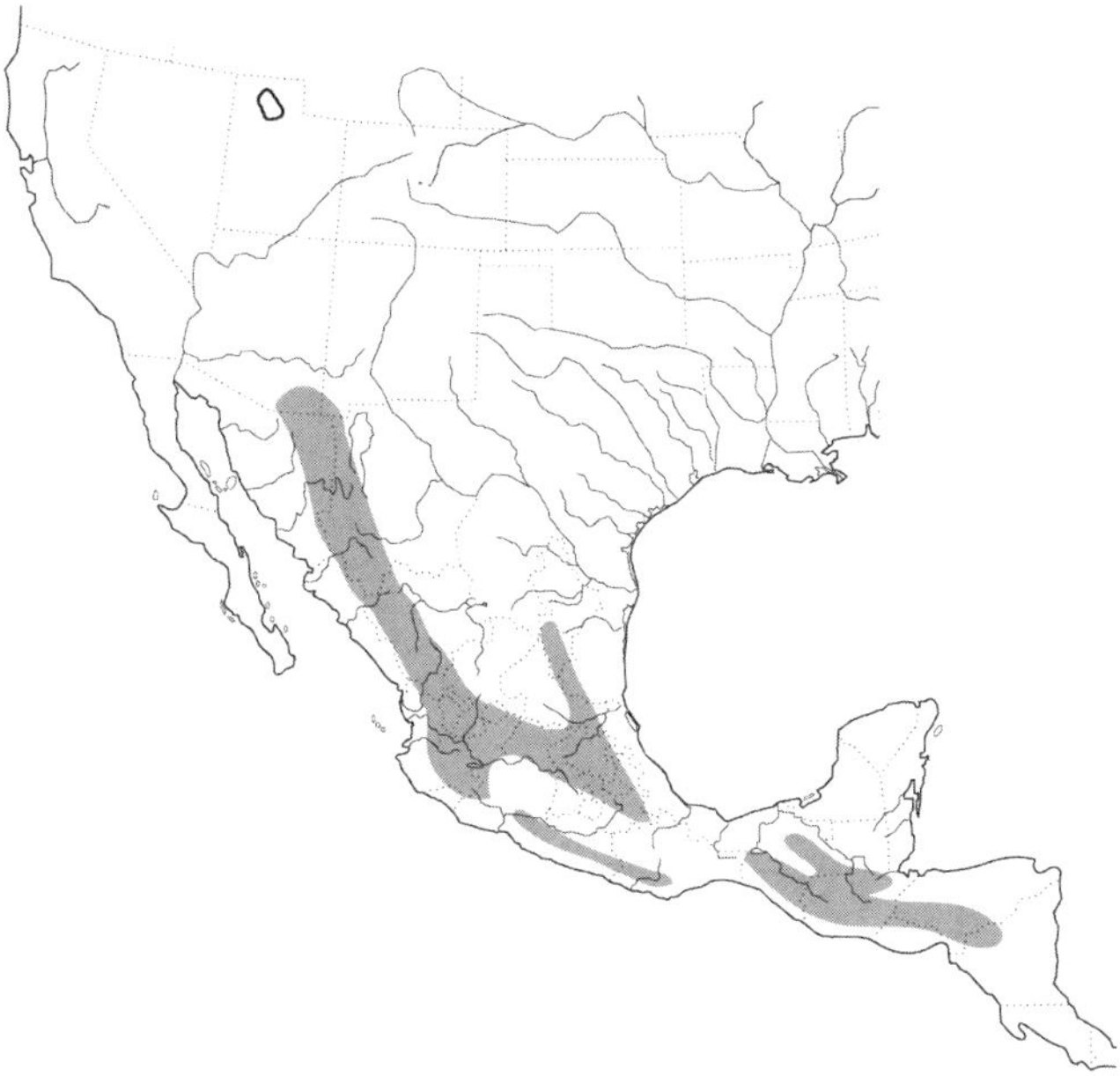

北米に生息するヒゲコノハズクの分布図。

り内にいるものの、厳しい冬の間は低地に降りてくることがある。（キツツキの開けた穴にせよ、自然のものにせよ）適切な洞を見つけるために落葉樹の木を必要としているため、使用競争からいくつかの営巣地候補を守っていることもある。

食生活

ヒゲコノハズクの足は、同じアメリカオオコノハズク属の大型の近縁種と比べると明らかに小さく、結果として昆虫を捕まえやすくなっている。蛾やコオロギ、バッタ、カブトムシ、イモムシなど、節足動物を大量に捕食する。サソリが好物で、食べる前に毒針を取り除くことを得意としている。しかし、小さな脊椎動物が獲物のバイオマス量の大部分を占めており、ハリトカゲやメクラヘビの他に、シロアシネズミ、コウモリやトガリネズミも捕食する。

鳴き声

北米に生息するさまざまなアメリカオオコノハズク属の声は種によって独特だが、同属の仲間と同様、ヒゲコノハズクは侵入者を認めたときや脅威を感じたときに吠えるような鳴き声を出す。ホーホーという鳴き声もときどき聞かれるが、これは脅威を感じる必要のないものの存在を認めたときの鳴き声のようだ。

口笛を吹くような鳴き声、「キュー」あるいは「ヒュー」というような鳴き声は、つがいが縄張り内で移動する際に連絡を取り合うときのもので、交尾のときや雛に餌を与えるときにはさまざまな種類の震えるような鳴き声を出す。一年の始まりには、雄が縄張りや巣の候補地を将来のつがいの相手となる雌にアピールする際に同じような鳴き方で鳴いている。

独自の戦略

森の天蓋に生い茂る群葉の中で狩りをするときは、飛ばずに木々の間を跳ねたり伝い登ったりする。枝にとまるときは、体の輪郭が滑らかに見えるように耳羽を下げ、葉が絡まったり重なったりしているように見せかけるために、枝に沿って体を丸める。

捕まったときはやはり死んだふりをするが、捕まえた手がどうにも力強い場合は、逃げるためにいつでも排便する準備ができている。

求愛行動と巣づくり

一月、雄のヒゲコノハズクは適当な営巣地の候補をいくつか選び、将来のつがいの相手となる雌に向けて、縄張りをアピールすべく震えるような鳴き声を連続して聞かせる。巣の候補地としてよく選ばれるのは、アリゾナスズカケノキにハシボソキツツキが開けた洞である。他のアメリカオオコノハズク属にも見られるように、木そのものは、背の低い下生えにまばらに覆われた周囲の深い森から離れたところにある。そのようなところを選択すれば、侵入者が近づいてきてもはっきり見えるし、巣の入口にまっすぐ飛んでいくこともできる。

三月中旬までには求愛行動を開始し、一か月にわたって続けられる。たいてい二つから四つの卵が産まれ、四月上旬から五月までが抱卵期となる。五月の中旬から末、六月中旬にかけて、雛が孵化する。ヒゲコノハズクをさまざまな観点から研究しているフレッドとナンシーのゲールバック夫妻は、ヒゲコノハズクもヒガシアメリカオオコノハズクと同じく、メクラヘビを生きたまま雛たちのいる巣に入れて、洞の内部を効率よくきれいにさせていると証言している。蓄えていた獲物の死骸が腐敗し、そこから湧いたハエの幼虫をヘビが食べてくれるのだ。樹上性のアリも巣となる洞の中にいてくれると、フクロウたちとしてはありがたい。雛には手を出さず、腐肉を食べてくれるからだ。さらに巣に侵入してきた外敵もやっつけてくれる。

雛は六月上旬になると羽毛が生え揃い、七月中旬にかけて巣離れする。その後も少なくとも一か月は、親フクロウの庇護下にあって、自分たちで獲物を捕まえられるようになるまでは親から餌をもらう。

手当たり次第に何でも捕食するタカや大型のフクロウは、若いヒゲコノハズクを捕食したり、場合によっては洞の中の卵を盗んでいくこともある。他のどの種のフクロウにも言えることだが、ヒゲコノハズクの個体数も、厳しい気候の影響を受けたり、従来のように獲物を調達することができなくなって餓死したりするような時期には減少する。

ヒゲコノハズクの繁栄に影響を及ぼす人間本位の活動に関して、ゲールバック夫婦の研究はどんな措置に注目すべきかを査定するためにもとりわけ重要なことだとしている。こうした配慮は他の種のフクロウにとっても重要な意味合いを持つ。

生息環境である山岳地帯を計画的に焼き払うことで、ヒゲコノハズクの他にも洞を巣として利用している小型の種が繁殖のために必要とする河畔の森が森林火災によって焼失してしまう可能性を抑制することができる。(自然に起こるものにせよ、人工的なものにせよ)皆伐となると、ホワイトオークやアリゾナスズカケノキなど、洞を巣として利用している鳥たちにとって必要な樹種を再植林しなければならなくなる。

こうした地域を訪れてバードウォッチングを楽しむ人たちのその場にふさわしい礼儀作法も、ヒゲコノハズクの繁殖の成功には欠かせない要素である。人間が木を叩いたり、卵を抱くフクロウをよく見ようと木に登ったりして巣を混乱させると、ヒゲコノハズクの孵化の成功率が八十五パーセントから六十二パーセントまで急落する。混乱した巣で育った雛は、体重が平均より軽いうちに巣離れする。最初の年を生き抜くためには、明らかに不利な条件である。

特定の繁殖地への接近を制限すれば、ヒゲコノハズクが雛を巣立ちまで育てる成功率は高まるだろう。繁殖地に続く道を制限付きで閉鎖することでも、交通がフクロウたちに与える悪影響を減らすことができる。

種の幸福度を高めることを目的にしたプログラムであればすべてそうだが、大人も子供も含めて、フクロウの生息環境を訪れる人々への教育は、長い目で見た場合も即効性という観点からも、有効である。フクロウのいるところに、フクロウの習性や、フクロウの暮らしにとっての森林被覆の重要性、獲物の必要性、そこでの適切な行動指針を端的に書いた看板を立てるだけでも、結局はフクロウに対する敬意や責任という文化を育むことにつながっていく。

個体数動態統計

この小型のフクロウは少なくとも四年は生きる。だが、アメリカオオコノハズク属の他の種と類縁関係にあるということは、もっと長く、二十年くらい生きる可能性もある。

雄と雌の大きさの違いはきわめて顕著で、雌は雄に比べて八パーセントほど大きく、十四パーセントほど重い。

体長　十六〜二十センチ
翼開長　三十〜五十センチ
体重　八十五〜百十三グラム

アメリカコノハズク（*Psiloscops flammeolus*）

初夏の晩にカスケード山脈を散策してみれば、それだけでポンデローサマツの芳香を味わうことができる。しかしもう少し我慢して、さらに月の光が味方してくれれば、最初は静けさに包まれていても、森のシルエットが次第にはっきりしてくるにつれて夜の鳥たちの鳴き声が満ちてくる。メソウ谷を覆う背の高い森を貫く幅の狭い埃っぽい伐採道路を歩いていたのはそんな夜のことだった。暗がりの中から、かなり元気な一羽のフクロウの鳴き声が聞こえてきた。わたしは月明かりの道を辿り、声が聞こえたほうに足を向けた。

片側には浅い小川が流れていて、岸辺から伸びる何本かの木はわたしが歩いているところまで届きそうだった。枝が作るこの通路も、月光に照らされたスズメガを追ってアメリカコノハズクが抜ける道になっている。おそらく十五分ばかり、フクロウの気配を片側に感じながら、少しずつ歩いた。虫が驚いて飛び立てば、フクロウは間髪入れずに道に向かって飛び出してくるはずだ。そんなことを考えていた一瞬の間も、フクロウはわたしが歩きながら虫や小型の哺乳動物の邪魔をするよう煽っていた。庭いじりをしていると何が出てくるのかとついてくる我が家のニワトリと同じだ。

そのフクロウは黒くくっきりとしたシルエットにすぎなかった。それでも長い翼と飛び方で、間違いなくアメリカコノハズクだと分かった。姿は見えたが、鳴き声は聞かせてもらえなかった。しかし、しばらくすると、道路脇から暗闇に呑み込まれるように飛んでいった後で、遠くのほうでホーホーと鳴いている声が聞こえた。その鳴き声に応えるように、わたしが見ていたフクロウが飛んでいった方向から返事が聞こえていた。抱卵期だったので、獲物を運んでくるのを待ちきれない雌だろうかと思った。

何度か、わたしはアメリカコノハズクを抱いたことも、指先にとまらせたこともある。フクロウたちは怪

蛾を捕まえたアメリカコノハズク。

我をして、ニューメキシコ州のサンタフェ郊外にある野生生物リハビリセンターで治療中だった。研究員たちはとても親切だったにもかかわらず、わたしがそれまでに回復の面倒を見てきたフクロウと違って、まったく落ち着かず、ストレスを感じているように見えた。たいていのフクロウにとって人間は知らない存在ではないが、アメリカコノハズクは夜行性が高く、孤立して生息する習性があり、基本的にわたしたちの活動とはかけ離れたところに暮らしていて、人間との共存は期待できない。同じく黒い目をしたマダラフクロウと同様、人間が生息環境を損なっている以上、アメリカコノハズクの将来も危ういとわたしは思う。

分布域と生息環境

アメリカコノハズクは人目を避ける習性があるため、かつては珍しいとされていた。しかし実際は、北米西部に広がる分布域において、最もよく見られる種のひとつである。同属の中では最小で、羽毛の色や模様は身を隠すのに適しており、ブリティッシュコロンビア州から南に向かってカスケード山脈の東側の斜面を経て、アイダホ州やネバダ州、コロラド州にも点在し、中標高の山岳森林地帯において、そうやすやすとは発見させてくれない。オレゴン州から南に向かってカリフォルニア州のシエラネバダ山脈にかけての森林地帯に生息しているが、アリゾナ州東部やニューメキシコ州の西端の森林地帯でも適度な生息密度で確認されている。記録はわずかだが、メキシコの山岳地帯の松林にも生息しているようだ。

繁殖の際には、開けていて乾燥した山地の針葉樹、特にポンデローサマツの成熟林を明らかに好む。こうした半乾燥気候における森林の状態は、昆虫を好んで食べるアメリカコノハズクが獲物として必要とする節足動物が生息するうえでも好ましい条件が揃っている。穴を開けて適当な営巣地を提供してくれるキツツキ

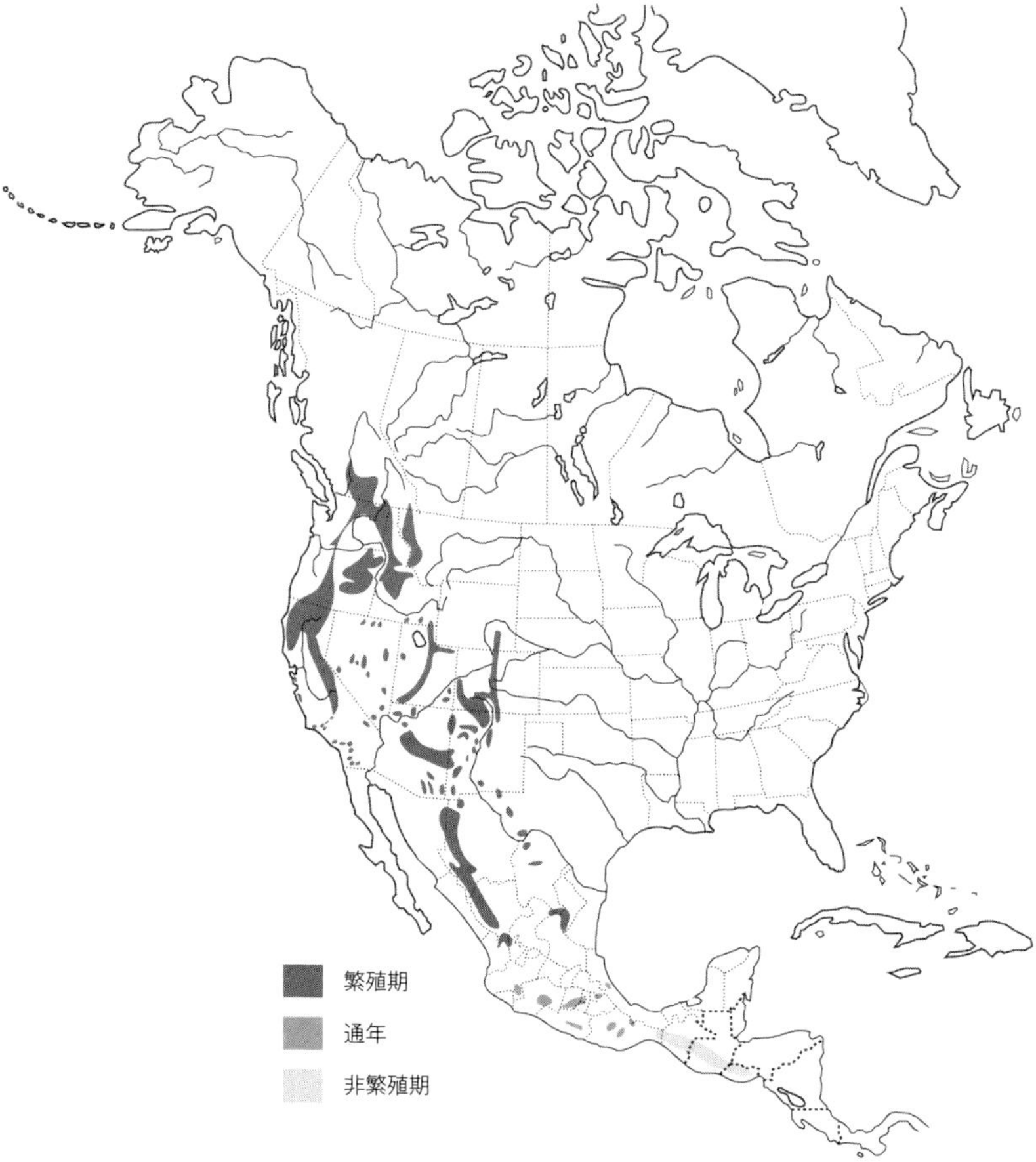

北米に生息するアメリカコノハズクの分布図。

もいる。ポプラやオークなどの樹木がもたらす濃密な群葉も、ひっそりと暮らすことを好むこの種にとっては、ねぐらを隠してくれるという点で重要である。

食生活

北米に生息するどのフクロウよりも食虫性なのは、アメリカコノハズクかもしれない。春の獲物はほとんどが蛾で、だんだん暖かくなるにつれて、バッタやコオロギ、カブトムシも捕食対象となる。ある程度でも脊椎動物を捕食しているという有力な証拠はあまりない。注目に値する例外が、ブリティッシュコロンビア州のケロウナで確認された。ある年の十一月、衝突死していたアメリカコノハズクの胃の中にトガリネズミが残っているのを、科学者のダグ・カニングスが発見したのだ。この発見により、気温が低くなって昆虫がいなくなったり捕れなくなったりした場合には、足の小さなこの小型のフクロウも、自分より大きな動物を捕食する可能性があることが分かった。

鳴き声

アメリカコノハズクの鳴管は鳴き鳥のそれほど複雑ではないが、唇が非常にしなやかで、比較的大きな気管も手伝って、体は小さいのにびっくりするほど大きな声で鳴く。鳴き声の周波数は、ニシアメリカオオコノハズクやヒガシアメリカオオコノハズク、ヒゲコノハズクなど同属の大型種と比べるとかなり低い。

このフクロウの鳴き声はもともと腹話術のようなところがあり、野外で見つけるのは困難で、捕食動物を近寄らせないという確かな利点がある。相手によって鳴き方を変え、アピールの際のホーホーという大きな鳴き声は、生息する深い森の中でも遠くまで効果的に届き、一キロ以上離れていても聞き取れる。

控えめな習性のため、周囲から見えないところに引っこんで、そこでつがいになって鳴き声を交わしたり、二羽だけで会話したりしている。周囲に鳴き声は聞こえていても、姿を見られることはない。反対に、開けたところに出てきて、雛たちに近づいてきた相手に対して甲高く鳴いたり吠えるように鳴いたり叫び声を上げたりして抗議することはある。他のすべてのフクロウと同様、怯えたときには嘴を鳴らす。

独自の戦略

アメリカコノハズクは翼が長く、かなりの距離を飛ぶことができ、高標高の寒冷地や分布域の北部区域から遠くを目指す。十月までに、より快適な気候の地、獲物となる節足動物が豊富にいる場所を求め、暗闇に紛れて南に向かう。どこで冬を越しているのかについて詳しいことは分かっていないが、翌年の四月までにはつがいとなって繁殖地となる縄張りに戻ってくる。

求愛行動と巣づくり

四月になって戻ってくるとまもなく、雄は雌からの承認を求め、よく通る声で縄張りや巣の候補地をアピールする。再交配が基本だが、繁殖期を通じて一雄一雌制で、雄が雌の分も獲物を運ぶことも、二羽で適当な営巣地を探して最終的には雌が決定することも、求愛行動の一部である。巣として使っている洞に雌が引っ込んで卵を産む前に、雄と雌は互いに羽づくろいをするなどしてつながりを密にし、絆を深める。

分布域の中でも、実際どこに生息しているかによって、雌の抱卵期は四月上旬に始まることもあれば、五月下旬になってから始まることもある。いずれの場合も、ハシボソキツツキやカンムリキツツキが開けた穴の中からお気に入りを選ぶ。アメリカコノハズクは体は小さいが、こうした場所を選び、巣を確保するためにハシボソキツツキやヒメキンメフクロウまでも追い払う。

卵を温めるのはもっぱら雌の役割で、三つの卵が孵化するには二十一日から二十四日の抱卵期間を要する。孵化して二十日から二十三日のうちに、雛の羽毛も生え揃い、巣の近くにある枝によじ登り、飛べるようになるまでの数日をそうやって過ごす。夏が進むにつれて、つまり巣から出て一か月と少しが過ぎる頃、雛は兄弟や両親と別れて、それぞれ思い思いの方向に飛び立っていく。

脅威と保護

自分より大型のフクロウやタカと同じ森に生息するということは、アメリカコノハズクの腹話術と控えめな暮らしぶりが非常に重要になってくる。それでも、アメリカワシミミズクや、ときにはマダラフクロウにも捕食される。生息域をアメリカコノハズクのいるところにまで拡大してきたアメリカフクロウも肉食鳥だということを忘れてはならない。この攻撃的なフクロウの影響は、ニシアメリカオオコノハズクやマダラフクロウの生息数にもすでに及んでいる。オオタカやクーパーハイタカ、マツテンも、アメリカコノハズクの個体数を脅かす自然の脅威である。

餌の大半が昆虫なので、季節による変動、特に寒冷期は適当な獲物にありつける可能性が限られてくる。

人間の影響に関しては、進化の面から、原生林においてキツツキが開けた穴を利用するという特定の行動を考慮することが肝心である。洞を巣にしているフクロウにとっての必要性を考慮することなくこうした森林を伐採することは、間違いなく一定数の個体を危険に晒すことになる。さらに、フクロウは繁殖能力よりも寿命の長さを選んだため、数多く産むことはなく、昆虫を駆除する目的で殺虫剤を散布すれば、化学汚染によってフクロウの生命力や生存率に悪影響を与えてしまう。特定の害虫だけを想定したわけではない殺虫剤は、フクロウの食生活にとって重要な生き物など予想外の種まで絶滅させてしまいかねない。

薪にするためや通常の皆伐として巣に適した立ち枯れの木が取り除かれたところに、巣箱を戦略的に設置するといった保全対策は効果的である。計画的に森を焼き払ったり間伐したりすることも、森林の管理方法として非常に有効で、これらのフクロウにとって魅力的な開けた状態を森が取り戻すことを促す。

個体数動態統計

アメリカコノハズク属の仲間として、黒い目のこのフクロウは比較的長寿で、雄は八年以上、雌も七年以上生きたという記録が残っている。

体長　十五〜十七センチ
翼開長　三十六〜四十八センチ
体重　四十二〜六十三グラム

マツテンとにらみ合うキンメフクロウ。

第6章　僻地の荒野に棲むフクロウ

フクロウの中でも僻地の荒野、つまり人間がまだ足を踏み入れる理由を見出していないか、まったく足を踏み入れられずにいるところにのみ生息しているのは、ほんの数種に限られている。ひっそりと暮らすそうしたフクロウの中でも、オナガフクロウは通常、北米、ヨーロッパ、一部アジアの最北に位置する森林地帯でのみ確認できる。こうした地域のタイガ気候の森林地帯の奥深いところで、キンメフクロウやカラフトフクロウと共に暮らしていることが多い。たいていの場合、どちらの種の分布域も同じ地域に限られている。シロフクロウだけは、北極圏で樹木のないツンドラ地帯にのみ生息している。これらの北方種はすべて、人間が侵入するにはあまりに過酷で生活に適さない荒野での生息にきわめてふさわしい習性および身体構造を持っている。

キンメフクロウ (*Aegolius funereus*)

ときどき、ブロンズ作品を制作するためにオレゴン州北東部の鋳造工場に行くことがある。その際、ユーマパインの交差点に位置する小さな村に下りる直前、ブルー山脈の稜線が少しだけ見える。訪れるたびに、あの山々を一目でも見ると、キンメフクロウと初めて遭遇したときのことを思い出す。

わたしたち一家は国を横断する旅を始めたばかりの頃で、道中に疲れ、ハイウェイから少し逸れて少し広くなったスペースに車を停めた。木立の中に分け入っていくと、たちまち静けさと森の香りに包まれた。近くを走っているはずのハイウェイの感覚がまるで消えてしまうほどだった。ぶらぶらと歩きながら、一本の立ち枯れの木が目に留まった。キツツキが開けた穴の入口に、一羽の鳥がとまっていたのだ。形を見極めるのに少し時間がかかった。しかし、そこからわたしを見下ろしていたのは、大きな目をした大きな顔のキンメフクロウに違いなかった。短い出会いだった。キンメフクロウはすぐに洞の中に引っ込んでしまった。それでもこの出会いは象徴的だった。フクロウは野生がもたらす平穏の象徴としてやってきた。そこにわたしがやってきた。都会の人間だ。ハイウェイを逸れて、その領域の残されたほんのわずかな部分を垣間見た。

鋳造工場では、ブルー山脈の平穏さとキンメフクロウとの出会いに思いを馳せながら一息つくことにしている――ダンテの描いた地獄の鋳金風景とは見事に対照的だ。ここでは、重いハンマーが耳をつんざくような音を立てて金属を打ち、研磨機から熱い鉄の破片が無数に降り注ぎ、炉の中で溶けていくブロンズの周りのガスが攪拌されて焼けるような熱風に包まれる。

分布域と生息環境

キンメフクロウは、英語名にBoreal（北方の）とあるとおり、北米からユーラシア大陸にかけての北極圏の森に生息している。アメリカでの分布域は、飛び地となって南に広がり、ロッキー山脈とカスケード山脈の亜高山性の森の一部に及んでいる。トウヒやモミ、ポプラの木々が混生し、深い天蓋のある成熟した原生林が、狩場や巣、ねぐらとして好まれる。

食生活

フサオウッドラットやシロアシネズミ、トビハツカネズミ、トガリネズミに加えて、主にヤチネズミ、ヒースキノボリヤチネズミを獲物にしている。ホリネズミやシマリス、オオアメリカモモンガを捕食することもある。イタチやカンジキウサギのように大きくて獲物にするには困難を伴う哺乳動物を標的にすることもある。こうした北方林では、ツグミやイスカ、ユキヒメドリ、コマドリ、アメリカコガラなども、キンメフクロウの捕食対象となっている。獲物の捕れる量は年によって差があるため、ある程度は昆虫も捕まえて食べる。その場合、特にコオロギが好まれるようだ。

繁殖期と越冬期には、後々のために獲物を蓄えておく。こうした蓄えが狙われないよう、何にでもすぐに顔を出すカナダカケスが近くにいるときは、特に警戒していることが確認されている。

聴力が実に鋭く、大型のカラフトフクロウや小型のヒメキンメフクロウと同様、頭蓋骨に開いた耳道が左右非対称になっている。この構造のおかげで、実際に獲物の姿を見なくてもその位置を垂直方向にも水平方

北米に生息するキンメフクロウの分布図。

向にも正確に知ることができる。好んで生息する老齢林では、固まった雪の下に潜む獲物に襲いかかることもできる。優れた聴力を利用して、積もった雪の下に小型の哺乳動物が潜んでいることを正確に突き止め、深さ数センチの雪に足から突っ込んでいき、哺乳動物が隠れている穴に到達し、捕まえてしまうのだ。

鳴き声

キンメフクロウは八種類もの異なる鳴き声を持っているが、鳴いているところを目撃されることは滅多にない。そのため、鳴き声について具体的な理由を定義するには、さらなる精査を待つ必要がある。とは言っても、いくつかの声には明らかな目的があるようだ。

雛は孵化後、一週間を迎える頃にはピーピーと甲高い鳴き声を荒々しく出すようになり、それが日が経つにつれて、きれいな声になっていく。巣の中では、餌が運ばれてきたり元気いっぱいに触れ合ったりするときに鳴きわめく。二週目に入ると嘴を鳴らすようになり、さらにシューッと息を漏らすような音を立てることもできるようになる。

成鳥は八種類もの鳴き声を持っているが、基本的な鳴き声は次のようなものである。

主な鳴き声としては、はっきりと声を震わせるもので、最大で十六音階まであり、雄が巣の候補地付近で発する。繁殖期が進み、雌が巣に入ると、この鳴き声が聞かれることは少なくなる。

長く伸ばして鳴くのも雄に限られていて、前述の主な鳴き声よりも優しくて長い。雄は自分が提案した営巣地の候補と雌との間を行き来しながら、この鳴き方をする。この鳴き声は求愛中ずっと続き、孵化が始まる頃に終わる。つがいの絆を深める役割を持っているようだ。雄は卵を温める雌と孵化したばかりの雛のために獲物を持って巣に戻りながら、それを知らせるためにこの鳴き声を短く使う。

他にも、つがいのキンメフクロウは縄張りの中で互いに連絡を取り合う際に鋭い声を上げる。雌は、特に獲物を持って巣に戻ってくる雄の鳴き声への返答として、ピーピーと優しく鳴く。さらに、雄の縄張り内にいるときや、長く伸ばした鳴き声に対する返答として、「チュークᅳ」と荒々しく鳴くこともある。

他の種と同様、キンメフクロウも邪魔をされたり人間の手に取られたりすると、シューッと息を漏らすような音を立てたり嘴を鳴らしたりして苛立ちを表わす。

求愛行動と巣づくり

北米の生息域の一部では、一月下旬になると雄が縄張りを定め、求愛の鳴き声を出すようになる。もちろん、天候や獲物の捕れ具合によって遅れることもある。雄はつがいの相手へのアピールとして、複数の洞から鳴くこともあるが、最終的にこの一雄一雌制の関係は、雌がどこに卵を産むかを決めたときに確定となる。雌が巣に入って卵を産むタイミングは地域によって異なる。ミネソタ州では三月末に孵化が始まるところもあるが、アイダホ州では四月半ばになってようやく孵化が始まり、五月の第三週までかかることもある。二つから三つの卵が孵化するには、平均して二十九日を要する。この期間の最初の三週間は、雌の餌はもっぱら雄に依存している。

孵化後二十七日から三十二日で、アイダホ州のキンメフクロウは洞から外に出始める。巣離れした後も、若いフクロウたちは一週間程度は巣の近くである程度まとまって行動し、餌も親フクロウに与えてもらう。三週目に入る頃には、生まれた場所から離れるようになり、餌を親に頼ることも少なくなり、やがてなくなる。六週目には立派に親元を離れる。

脅威と保護

キンメフクロウにとって、出会わないように警戒すべき森の捕食動物は数多く存在する。マツテンは巣ごもり中のキンメフクロウの弱みに躊躇なくつけ込み、卵を抱く雌も雛もどちらも狙っている。オオタカやクーパーハイタカ、アメリカワシミミズク、マダラフクロウ、アメリカフクロウも、すべて肉食鳥である。

巣立ちして最初の一年を生き延びる可能性はきわめて低い。捕食動物はもちろん避けなければならないが、獲物を見つけて捕まえることが一年目のフクロウには特に難しい。ヨーロッパでは、エルッキ・コルピマキがキンメフクロウを対象に研究を行なった結果、巣立ちしたばかりの雄のおよそ七十八パーセントが、初めての繁殖の機会を迎える前に命を落としていることが判明している。

キンメフクロウの分布全域にわたる森林伐採は、この種の繁栄にとってさらなる脅威となっている。巣を作り、獲物を探し、ねぐらで休むために必要なものが、分断化の止まらない森が伐採されることで損なわれ、破壊されている。キツツキが穴を開けやすい古木を伐採することは、洞を必要とするキンメフクロウにとって明らかな損失である。均一の樹齢の木を使った森林プランテーションでは、立ち枯れの古木を維持することができない。立ち枯れの古木がなければ、フクロウは巣を作るという選択肢を持てない。しかし将来に希望を見出す方法はある。キンメフクロウが分布する一部地域では、キツツキが開けた適当な洞が見当たらない場合、巣箱が利用されているのだ。

他の種のフクロウにも言えることだが、保全教育が重要である。フクロウにとっては有益なことでも、森林管理の観点から見落とされたりいいかげんに対応されたりしていることがある。そうしたことについては、そこに生息するフクロウやその生息環境に必要なものについて、天然資源機関のスタッフを教育することで直接的な対策をとることができる。地域の森林やそこに生息するフクロウの生態系に関して簡単な情報を載せた冊子も、フクロウに対する理解を深め、その価値を尊重することにつながる。生物学の授業では、地域の生態学について討論する際にフクロウを例にとって説明すれば、フクロウのことを詳しく知るだけでなく、この種とその重要性に対して生徒たちの意識を高めることができる。

個体数動態統計

体長　二十二〜三十センチ
翼開長　四十八〜六十三センチ
体重　百〜百四十グラム

カラフトフクロウ（*Strix nebulosa*）

博物学者は、特に印象的な種と初めて出会ったときのことを忘れずに記憶に刻んでいることが多い。二十世紀初頭、ワシントン州の著名な鳥類学者サミュエル・ラスバンは、初めてカラフトフクロウを見たときの珍しい体験を好んで話した。シアトルの繁華街で歩道を歩いていると、向こうから若い女性がベビーカーを

カラフトフクロウの頭部。目の周囲に羽毛の生えた大きな顔盤。

押しながら近づいてきた。すれ違い、彼はそのまま何歩か歩き続けたものの、急にその場に立ち止まってしまった。ベビーカーに視線を落としたときに見えたものが普通ではなかったことに気がついたのだ。引き返してさっきの女性に追いつき、ベビーカーの中を確かめ、そのまま目が離せなくなってしまったのは、人形の服を着せられてボンネットまでかぶらされたカラフトフクロウの大きな真ん丸い顔だったという。

わたしの場合、この巨大なフクロウを初めて見たときの体験はラスバンほどユニークなものではないが、大いに心躍る体験であり、負けず劣らず予想外のものだった。ワシントン州西部にあるベイカー湖の周辺でカラフトフクロウを見たという曖昧な噂を頼りに、友人たちと連れ立ってスカジット川の北方にそびえるカスケード山脈に分け入ったときのことだ。特定の種を探す場合、その種の生き物になったつもりで考えてみることは意味があるはずだ。わたしたちはカラフトフクロウが木立の間に開けた草原地帯を好むということを何となく知っていたので、最初に行き着いた草原で足を止めてみたところ、実際にそこで発見したのだった。

大きな体に羽毛は明るい灰色をしているため、カラフトフクロウは冬の暗い景色に映えていた。草原の向こう、百メートル以上離れたところで、何を見ているのか聞いているのか、頭を横に揺すりながら、とにかくその対象物に焦点を合わせようとしていた。下生えの地下に浅くトンネルを掘るアメリカハタネズミを狙っているのだろうと思った。フクロウは狩ることに全神経を集中させていて、止まり木を何度か変えながら、わたしたちには関心がないのか、少しずつ近づいてきた。せいぜい十五分ほど観察していただけだが、カラフトフクロウとの最初の出会いは、想像を突如として凌ぐものとなった。五十メートルも離れていないところに立つ小さなモミの木のてっぺんにとまったフクロウは、突然翼を大きく広げると、頭から突っ込むように、まっすぐわたしを目がけて飛んできたのだ。反射的に腕を上げると、グローブをはめた手にタカかハヤブサをとまらせるときのような体勢になった。もちろん、それはフクロウの意図したことではなかった。フクロウはわたしの頭をかすめて飛んでいった。頭上を通過するときに、羽毛に覆われた足のふさふさとした感触を後頭部に感じた。

分布域と生息環境

カラフトフクロウは、北米とヨーロッパ大陸でタイガや北方林の広がる地域に生息している。北米では、極北から南に向かって、カスケード山脈やロッキー山脈に沿って孤立した繁殖集団を維持し、ヨセミテ国立公園やイエローストーン国立公園内の湿地帯や開けた草原地帯に生息する種もある。

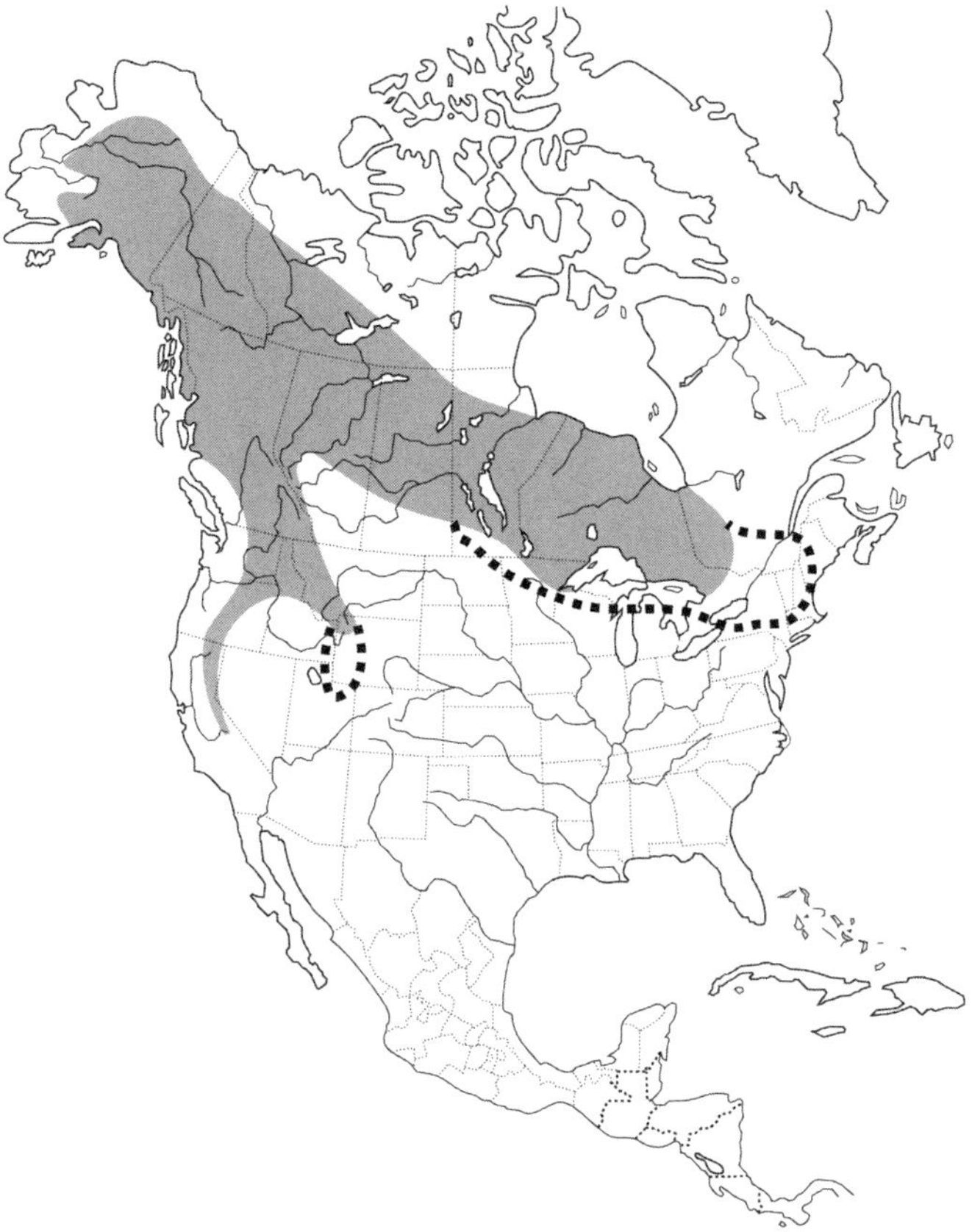

北米に生息するカラフトフクロウの分布図。
（破線はまれに目撃されることのある限界線を表わす）

食生活

驚くほどの断熱性を持つこのフクロウは、厳しい冬の間も北の生息域にとどまって、雪に覆われた地面の下に潜む獲物を捕まえることができる。獲物の大半はハタネズミだが、他にもシロアシネズミやトビハツカネズミ、バッタネズミといった小型の哺乳動物を幅広く捕食する。カラフトフクロウの体重はアメリカワシミミズクと比べると十五パーセントほど軽いが、カンジキウサギやオコジョのような大きな哺乳動物も捕まえてしまう。カケスやコマドリ、ライチョウなど鳥類を捕まえることもある。

鳴き声

カラフトフクロウにはいくつか基本となる鳴き方がある。「ホー、ホー」というのは雄が縄張り内でアピールするときのもので、「フー、フー」というのは雌が餌を求めるときに聞かれる。シュールッと息を漏らすような音を出すのは雛で、おそらく餌を求めているときのものだろう。さえずりは成鳥同士で餌が交換されるときの鳴き声で、嘴を鳴らすのは苛立っているときや脅威を感じているときである。

求愛行動と巣づくり

他のフクロウと同様、カラフトフクロウも一雄一雌制で、二年目までに繁殖が始まる。年が明けて一月と二月には、雄はハンターとしての自分の能力を雌にアピールするために、雪の中に突っ込んでいく。成功すれば、獲物は将来つがいとなる相手に届ける。雌は雄が示した巣の候補地を吟味するが、最終決定は雌が単独で下す。こうした求愛行動の初期段階においては、絆を強めるために、二羽が互いに羽づくろいする姿がよく見られる。

場所と冬の厳しさにもよるが、早ければ三月、遅くても五月初旬には三つから五つの卵が産まれる。北米では抱卵期間は平均して三十日前後で、この期間を通じて、また雛が孵化したばかりの間は、餌を運んでくるのはもっぱら雄の役割である。雛たちが危険に晒されたときは、雄も雌も必死になって守る。孵化して一か月以内に、雛たちは巣から飛び立ち、ぱたぱたと羽ばたく。

巣離れした後も、雛が飛べるようになるまでには少なくとも一週間を要する。にもかかわらず、他の種と同様に、足を使ったり羽ばたいたりして、倒木や低い位置にある枝によじ登り、地面を離れてねぐらまで辿り着くことができる。それからも三か月は親フクロウがそばにいて、雛たちに餌を与える。その後、若いフクロウたちは生まれ育った巣を離れて、思い思いの方向に飛び立っていく。

脅威と保護

親フクロウは必死になって雛たちを守るが、雛たちにとってオオタカやアメリカワシミミズク、それにアカオノスリの脅威は深刻である。巣が周囲から丸見えのところでは、カラスにも警戒しなければならない。

捕食動物だけでなく、餓死の可能性もまた、巣立ったばかりの若いフクロウを待ち受けている。ある研究によると、カラフトフクロウが最初の一年を生き延びる可能性は五十パーセントを少し上回る程度だという。

新しい縄張りに移動すれば、人間の影響下にある環境に晒されることになり、そこでは車や金網に衝突したり、感電死する可能性も出てくる。

景観に変更が加えられることは、カラフトフクロウにとってつねに脅威である。特に森が伐採されて大木や立ち枯れの木の大部分がなくなってしまうと、木にとまって休んだり獲物を探し回ったりできる場所だけでなく、ねぐらや巣の候補地も減ってしまう。

分布域の一部で、底に枝を敷き詰めた木製の台や鳥かごを営巣地のないところに設置して、カラフトフクロウが巣として利用できるようにしているのはよい兆候である。森の中で五メートル以上の高さのところに設置した人口の巣は、フクロウにとってさらなる保護施設、隠れ家となる。森林管理として、付近にある再生林の木立を選択的に切り開けば、カラフトフクロウの餌の供給源となる小さな哺乳動物の存在を促すことにもなる。

個体数動態統計

カラフトフクロウはどうやら長寿のようで、足輪をつけた野生の個体が十三年後に回収された例がある。

体長　六十一～八十四センチ
翼開長　百三十五～百五十センチ
体重　六百八十～千三百六十グラム

オナガフクロウ（*Surnia ulula*）

ある年の夏、わたしは他の国々出身のアーティストの集団に合流して、アラスカ州中南部を流れるコッパー川の三角州を形成する広大な未開の地に、芸術家として乗り込んだ。「オランダが丸ごと入ってしまう広さだな」とオランダ出身の画家が、チュガッチ山脈とラングル山脈に挟まれるような七十万エーカーの河川デルタを指しながら腕を広げ、大きな声を出した。わたしは、最近ここで目撃されたというオナガフクロウが見られるんじゃないかと思って、イギリスから来た二人の友人と一緒に参加したのだった。一帯に広がる数千平方マイルの土地を前にして、一羽のフクロウを見つけ出して観察し、絵に描こうというわたしたちの試みは、途方もないことのように思えた。

川に沿ってまっすぐに伸びる道を車で走りながら、このフクロウが同じ科に属する多くのフクロウと決定的に違う性質について、三人で話した。「昼行性で、フクロウというよりは頭の大きなクーパーハイタカといった構造になっているんですよ」とサフォーク出身の友人アンドリュー・ハスレンが言うと、ロンドン出身の画家デイヴィッド・ベネットも、「そうなんだよ。それに狩りの最中のノスリみたいに大きな立ち枯れの木にとまっていたりするし」と続く。その直後、道路から頭上の木々を見上げたわたしが叫んだのだった。

「いたぞ！」

道路のすぐそばに立つハヒロハコヤナギの高い枝にとまったオナガフクロウは、わたしたちには一向に気づいていないようだった。その間もわたしたちは慌ただしく後部座席から道具一式を下ろしたり、双眼鏡や小型の望遠鏡を覗き込んだり、スケッチブックを広げたり、堂々としたこのフクロウの印象を記録にとどめ

カナダカケスを追いかけるオナガフクロウ。

ようと躍起になっていた。わたしたちが慌ただしくしている間も、オナガフクロウは枝にとまってリラックスした様子で、木々の向こうの地平を見やりながら、ときどきわたしたちに視線を落とす程度だった。わたしたちのいるところからは実によく見えたが、角度が片側からに限られていた。正面から見てみようと思い、わたしはカメラと双眼鏡を手に、ハヒロハコヤナギの木立の前を流れる脇の水路に入っていった。一歩目は浅瀬だったが、二歩目で深みにはまってしまった。わたしはあっという間に氷河水が流れるコッパー川に首まで浸かってしまい、道具を握った両手だけは辛うじて高く伸ばしていた。

なんとか川岸に戻ろうと、滑りやすい川底に足場を探して慌てふためくわたしを見て、画家の友人たちは大いに笑ってくれた。ずぶ濡れの靴の下に感じたくぼみは、その日の早い時間帯にヤナギを食べに来ていたヘラジカの蹄が残したものだった。その感触を今でも覚えている。頭上のオナガフクロウはその間もずっと、眼下での大騒ぎにほとんど何の関心も示さずにいた。

分布域と生息環境

昼行性で、北米大陸とヨーロッパ、アジアの北部の北方林に生息している。高い繁殖率を示した後、冬を迎え、獲物が見つかりにくくなると、お腹を空かせたオナガフクロウはワシントン州やネブラスカ州、イリノイ州といった南方で目撃されることもある。最近の報告によると、ワシントン州の北東部で繁殖していたことが確認されている。

食生活

身体的にクーパーハイタカのような進化を遂げたこの中型のフクロウは、昼行性の万能ハンターである。夜行性のフクロウの場合は耳道が左右非対称になっているため、実際には見えていない獲物の位置を突き止めることができるが、昼行性のオナガフクロウにはその機能がないため、優れた視力で八百メートル先にいる獲物の姿を捉える。

獲物を急襲する際の飛翔時には、均整の取れた滑らかな輪郭を描き、ハタネズミやレミングといった、食生活に欠かせない獲物を素早く追いかけ、捕まえる。モグラも捕るし、さらにはウサギやカンジキウサギ、アメリカアカリスといった自分より大きな相手も捕食する。鳥類では、ムクドリ、スズメ、コマドリ、カケ

北米に生息するオナガフクロウの分布図。

ス、さらにはもっと大きなカンムリキツツキやハリモミライチョウも狙われる。

鳴き声

オナガフクロウは幅広い鳴き声のバリエーションを持っている。そのうちのいくつかを以下に挙げる。

「ウルルルルルル」というのは声を震わせるようにさえずる雄の鳴き方で、縄張りを主張するときのものだ。木の枝にとまっているときでも飛翔中でも、この鳴き声は聞かれる。

「ライク、ライク、ライク、ライク」と続く鳴き方は、雄にも雌にも見られ、縄張りに入ってきた他のオナガフクロウに抗議を示すものである。雄が巣で卵を抱く雌に餌を運んできたときにも、それを知らせるためにこの鳴き声を上げることがある。

「キーーーーーウェ」と鋭く震える鳴き声は、巣が脅かされたり、巣や雛に侵入者が近づいてきたときなどに聞かれる。

「チュッ、チュッ」というのは、交尾の最中に雌が発する鋭い鳴き声である。

求愛行動と巣づくり

一雄一雌制であるオナガフクロウの雄は、新年早々、雌に対して縄張りをアピールし、誘い出そうと試みる。二月までにはつがいによるデュエットが聞かれるようになる。北米では三月中旬には産卵が始まり、六月くらいまで抱卵が続く。

雌は二十五日から二十九日の間、一孵りの卵を温める。雄が手伝うことはない。たいていの場合、立ち枯れの木の梢やカンムリキツツキの洞に卵を産む。他の種のフクロウと同様、雌と雛に餌を運んでくるのは雄の役割である。オナガフクロウは巣の世話に熱心で、北方に生息する他のフクロウより三回から四回は多く営巣地に戻ってくる。

孵化して三週目から四週目までには、雛たちも跳ねたり、羽ばたいたり、あるいは木を伝って巣から下りたりできるようになる。繁殖期を通じて、親フクロウは必死になって雛たちを守る。特に雛が孵化して羽毛が生え揃う頃には、その姿勢が顕著である。オオタカのような大型の肉食鳥や、詮索好きな人間から家族を守るために、侵入者を巣の近くから追い払うべく、叫び声を上げながら襲いかかる。トラフズクにも同様の例があるが、雌は地面に向かって飛び降りると、そのまま傷ついたふりをして、捕食動物の注意を雛から逸らすところが目撃されている。

分布域の中でもヨーロッパにおいては、若いフクロウは巣立って三か月で自立し、親フクロウや育った場所から完全に離れる。

脅威と保護

オナガフクロウと生息環境を共有する捕食動物には、オオタカ、アメリカワシミミズク、フィッシャー、マツテンなどがいる。さらに開けた場所では、ハヤブサやシロハヤブサにも狙われる。

こうした捕食動物以上に脅威となっているのは、やはりこの種を狙ってときおり現われるハンターたちである。人間の意図を知らないオナガフクロウには簡単に近づくことができる。目立つところにとまって獲物

ハリモミライチョウに襲いかかるオナガフクロウ。

を探す習性があるため、衝動的で無責任で撃つ気満々のハンターたちにその分かりやすいシルエットを晒してしまうことになる。カナダの生息域の一部では、「標的《ターゲット》となるフクロウ」と呼ばれている。

北方の原生林が皆伐されてしまうと、オナガフクロウはそこに巣を作ることができなくなる。こうした開けた場所だとハタネズミは寄ってくるかもしれないが、雛を育てたり見張りをしたり狩りをしたりねぐらにしたりするのに適当な木がなければ、生息数に影響が出る。伐採する場合も、立ち枯れの木を残しておくとか、択伐にして獲物のために開けた場所を確保したり、オナガフクロウが繁殖したり見張りをしたりするために十分な木々を残しておくといった緩和策を取れば、影響を軽減することが可能である。ヨーロッパでの分布域の一部では、立ち枯れの木はなかなか見つからないが、巣箱の設置が効果的だという結果が出ている。しかし概して、現存する生態系が必要としているものに敬意を払うことが、元気のいいオナガフクロウの健全な個体数だとされている規模を維持するために、何よりも効果的な手段と思われる。

個体数統計動態

飼育下のオナガフクロウは、十歳まで生きた。

体長　三十六〜四十四センチ
翼開長　八十〜九十センチ
体重　三百四十〜三百九十六グラム

シロフクロウ（*Bubo scandiacus*）

わたしが住んでいるシアトル郊外では、毎年もしくは二年に一度、越冬してくるシロフクロウを何羽か見かけることは珍しくない。それが最も急増した年には、シロフクロウの数があまりに多くて、フクロウの広告会社として機能するほどだった。

流木に乗っかった小さな雪男のように止まり木の上で休んでいるシロフクロウの小さな群れを一目でも見られることは、博物学者として、また芸術家として、わたしにとって最も喜びを感じる瞬間だ。同時に、他のもっと親密な出会いも、シロフクロウをデッサンし、彫刻するために必要な情報とインスピレーションにつながった。これらの越冬するシロフクロウは極北の荒野からやってきたものがほとんどで、その年の初めに孵化したため、都市部の危険には不慣れで、車や窓、金網に衝突して負傷し、苦しむフクロウが後を絶たない。傷ついたシロフクロウがときどきわたしのところにやってくるため、回復の手伝いをする過程で、より詳しく研究することができた。

くるんでいた毛布の中から一羽のシロフクロウを取り出したとき、胸骨が出っ張っているように感じた。十分に餌を食べていなかったのだ。同時に、その力強さと挑戦的な表情は、そんなことをまったく感じさせなかった。分厚い革の手袋をはめて慎重に扱っていたものの、フクロウの足がさっと飛び出してわたしの親指を摑み、鉤爪が食い込んだ。指の先を摑んでこじ開けようとしても、フクロウの足を放すことはできなかった。それくらい力が強いので、シロフクロウが落ち着いて、わたしの親指を摑む力を緩めるのを待つしかなかった。

束の間、わたしには痛みが伴い、フクロウには恐怖が伴ったが、フクロウを手に取ることで、その状態と物理的構造を詳しく把握することができた。どこも骨は折れていなかったが、明らかに低体重で、体力をしっかり取り戻すにはきちんとした餌を継続して与える必要があった。手袋をした手でフクロウの両足を摑み、もう一方の手の指でフクロウの全身をなぞってみた。芸術家としての視点からフクロウを理解する手がかりとなる情報を得ることができた。脇腹の羽毛に隠れた筋肉質の上肢が、確かに下半身の肉づきのよさの理由だった。胸骨の両側の分厚い筋肉組織が幅広の胸部を占めていて、このような大型の陸鳥がここで冬を過ごすために、南に向けて何千キロも飛行できる理由を物語っていた。

遠くから観察してシロフクロウの羽毛がどうなっているのかを想像するのではなく、実際に目で見て手で触れることができた。際立って滑らかで、フクロウの足から爪先に至るまで流れるように豊かな羽毛を、自分の感覚で確かめることができたのだ。胸部や脇腹を幾層にも覆う羽毛を手で撫でてみた。こうした羽毛がひとつになって、厳しい寒さの中でも生き抜くことを保証してくれる温かい空気を逃さない厚さ数センチの断熱材の役割を果たしていた。シロフクロウの首筋や、休んでいるときに大きな翼の上部をしまうことのできる肩のあたりの羽毛がどのような模様を描いているか、わたしは注意深く観察した。

以前、死んだシロフクロウを調べていて、嘴に向かって伸びる粗毛の外縁部分にある白い斑点の残骸が気になったことがある。詳しく見てみると、驚いたことにひとつひとつの斑点が動いている。そのフクロウは羽毛につくハジラミに感染していたのだ。シラミは、雄のシロフクロウの白い羽毛とまったく同じ色だった。フクロウが死んだときに顔に移動してきたので、発見できたのだ。

他のすべての鳥類と同様、フクロウも外部寄生虫、内部寄生虫に感染する恐れがある。しかしこのときばかりはわたしも驚いた。フクロウと共進化を遂げて、同じ色になってほとんど分からなくなっていたのだ。

沼地を飛翔するシロフクロウ。

遠視のフクロウが取り除くのは大変に違いない。死んだフクロウの皮を剝ぐ前に、新鮮に保っておくために一週間冷凍庫に入れておいたときにも面白い発見があった。カチカチに凍ったフクロウを取り出すと、シラミはまだ生きていて、フクロウの顔のあたりでゆっくりと動いていたのだ。ということは、この寄生虫は体内に不凍剤のようなものを発達させていて、それが生命力を維持するためのさらなる手段となっていた可能性がある。

分布域と生息環境

シロフクロウは極地付近で確認される昼行性の種で、北米とヨーロッパ北部の北極圏の開けたツンドラ地帯の樹木限界線を超えたところに生息し、繁殖する。前述のとおり、シロフクロウの中には冬になると定期的に南に移動し、カナダを越えてアメリカ北部に到達するものもある。

北米に生息するシロフクロウの分布図。

食生活

手当たり次第に何でも捕食し、レミングが見つからないときは代わりに他の哺乳動物、とくにハタネズミを探して食べる。通常の生息範囲を越えて越冬する際には、ウサギやジリスも上手に捕まえ、スズメ目のさまざまな種やカイツブリ、ライチョウといった鳥類も素早く捕まえてしまう。適応能力に優れた一羽のシロフクロウが、越冬中に我が家の近くに棲みつき、一か月近くとどまって、ふんだんにいるヤマビーバーを嬉しそうに食べていた。

シロフクロウが必要とする食物エネルギーはかなりの量である。活発な雄のシロフクロウの場合、一日に四百グラム以上、つまり自分の体重のおよそ四分の一と言われている。

鳴き声

「ホー、ホー」という鳴き声は、きわめて大きな声で最大で六回続けられる。雄が縄張りを主張するときの鳴き方である。北極圏では数キロ離れたところにいても聞こえてくる。

「ハ、ホー、クアック、グアック」という一連の鳴き声は、地面に降り立ったときにも飛翔中にも聞かれ、脅威に直面しているときのものと言われている。

「カー、カー、カー、カー」というのは、特に雄が脅威に対処するときの鳴き声で、そうしたときにはガラガラという音や、「リック、リック、リック」という音を立てることもある。

「ケ、ケ、ケ、ケ、ケ」という一連の鳴き声は、交尾のとき、もしくは雛に餌を与えるときのものである。

求愛行動と巣づくり

雄は求愛のアピールにおいて実に示威的で、大げさなほど翼を羽ばたかせ、うねるような飛び方で空を翔ける。そうして雌のそばを飛び、だんだん地面に向かってまっすぐ落ちるように降下する。雌に対するさらなるアピールとして、嘴か足にレミングを持っていることもある。地上での誇示行動としては、雌に対して斜めに向き合って翼を部分的に広げ、頭を低くして胴体はぴんと伸ばして立つ。雄も雌もこの姿勢を取った後で、たいていの場合は交尾となる。

北極圏に生息するシロフクロウは巣を作るのが遅く、四月中旬から五月中旬にかけてツンドラ地帯の積雪が溶け始めるのを待っている。できるだけ高地を選ぶのは、水はけがよく、周囲の景色を見晴らせるからだ。さらに食料が確保できるところの近くに巣を作る。地上に作る巣は、基本的には地表に掘ったお椀型の穴で、吹きさらしで、つねに乾いた状態を保ち、雪の影響も受けないところに位置しているようである。

雌は一度に十一もの卵を産み、温めて雛を孵す役割を一羽で担う。ここまで数多く卵を産むのは、雌にとっては身体的に重大な犠牲である。体重の四十三パーセントに迫る重さなのだ。

雛はまちまちの間隔で孵化する。一つ目の卵から、およそ三十一日で一羽目の雛が孵る。孵化後、二週間以内に雛は足を引きずりながら巣を出て、三週目には付近を歩き回っている。

巣を出てからも五週間は、雛は親フクロウに餌をもらう。それだけで骨の折れる仕事なのは、雛が九羽もいれば、雛たちが自立するまでに一家で千五百匹のレミングを食べると推測されるからである。

脅威と保護

地上に巣を作るシロフクロウはつねに危険に晒されていて、特に若いフクロウはホッキョクギツネやトウゾクカモメ、それにシロハヤブサに狙われることもある。年によって獲物が捕れたり捕れなかったりするため、餓死もつねに死因のひとつである。

他から離れた通常の生息域から南を目指して飛び出し、いっせいに新しい縄張りに入るときに命を落とすシロフクロウの数もしばしば増える。車やユーティリティ配管に衝突したり、電線に引っかかったり、あるいは撃たれたりするからだ。

シロフクロウの個体数は、繁殖期や越冬期を通じて手に入る食糧の量によって、大きく増減する。カナダ北極圏においては、一九五〇年代にバンクス島で行なわれた調査の結果、高繁殖率の間は一万五千から二万羽いると言われていた。低繁殖率の間に同じエリアで行なわれた別の調査では、二千羽だったという結果も出ている。

シロフクロウのいる未来はいくぶん不確かである。地球温暖化という状況にあって、北極の生態系力学は、野生種としてのシロフクロウが苦しむほど変化するところまで来ている。シロフクロウを捕獲して繁殖させる試みは成功しているものの、長い目で見たときにシロフクロウが戻ってこられる環境がある保証はどこにもない。

とにかく、すべての種のフクロウを保護する連邦法の実施に向けて精力的に活動が行なわれ、一般に対する啓蒙も推し進めていく必要がある。情報に基づいて活動すれば、シロフクロウに敬意を払い、人間の生活圏の付近で越冬するときには世話をするといった振る舞いもできるはずだ。観察する場合も百メートル以上という臨界距離を保つことで、シロフクロウが狩りをしたり休んだり、つがいが最初に絆を深めたりするために必要なスペースと静けさを保証してやることができる。そうすれば北極の生息環境で次の世代を産むために戻ってきてくれることも考えられる。

個体数統計動態

スイスで飼育下にあったシロフクロウが二十八年生きた例がある。野生の場合、九年半という例が知られている。

体長　五十一〜六十八センチ
翼開長　百四十〜百七十センチ
体重　一・五〜二キログラム

訳者あとがき

宮沢賢治の短篇に、「二十六夜」というお話があります。北上川の獅子鼻にある松林を舞台に、そこに暮らすフクロウたちが体験する旧暦の六月二十四日から二十六日までの三日間を描いたものです。川も空も辺りも真っ黒な夜、林の奥に入っていくと松の木の梢に「松かさだか鳥だかわからない黒いものがたくさんとまっている」のです。フクロウです。冒頭のこの場面だけで、フクロウのしんとした佇まいと存在感が存分に表現されています。

このフクロウたちは、西の遠くのほうに汽車の走る音、眼下を流れる北上川の淵に魚のはねる音が聞こえる中、「黄金の角」のような月の光を朧に浴びながら、この松林の高いところに集まって、フクロウのお坊さんによる説教を聞くのです。フクロウのお坊さんは、生前の功徳により菩薩となった雀と、その弟子となったフクロウの逸話を引き合いに出し、自分たちの普段の行ない、昼は強鳥を恐れながら夜になれば小禽を貪る自分たちの浅ましい習性を省みることを促します。そこに罪深さを認めることの難しさと大切さ、そして決意と救いが描かれています。

それはフクロウに限ったことではないはずです。汽車のごうと走る音や魚のバチャンとはねる音は、他の生活があることを感じさせます。多様な営みがあって、接点があって、諍いや諦めが生まれ、心が育まれ、発見や成長につながります。途中、穂吉という幼いフクロウが人間に捕まって足を折られる場面が出てきます。憤る仲間たちに、フクロウのお坊さんは「この世界は全くこの通りじゃ。ただもうみんなかなしいことばかりなのじゃ」とこぼしながらも、「恨みの心は修羅となる」と戒めます。いたずらに命をもてあそぶことは論外ですが、誰もが誰かの犠牲のうえに生存を保証されているという哀しい宿命と、それを受け止めることの必要を感じさせます。

　分かりようのないフクロウたちの気持ちを代弁するこの物語には、宮沢賢治のフクロウへの洞察と深い愛、人類に対する切実な希望が描かれています。

『フクロウの家』を翻訳しながらこのお話を思い出していたのは、どちらもフクロウをテーマに、異なる世界を思いやることとの大切さを強く訴えかけているからだと思います。本書は著者のトニー・エンジェルさんが、車や窓ガラス、草むらの中の金網などに衝突して傷つき、飛べなくなっていたフクロウを保護し、引き取って手当てをしたときのことや、自然の中で観察したときのことなど、個人的な体験の中で知り得たフクロウの生態と、それを踏まえた提言、さらに科学的に判明している客観的な事実を整理することで、読者にも自ら森の中に分け入っていくかのような追体験をさせてくれます。自分以外の生物の存在意義を、人間に利益をもたらすかどうかという基準で測ろうとする姿勢に我慢がならない（第二章）と言い切る著者の、フクロウに対する強く深い愛や、人間の営みや自然界の将来に対する憂いや希望を強く感じます。

　フクロウの長い進化の道のり、その過程で南極以外のすべての大陸に分布するようになったこと、たとえばサボテンフクロウは砂漠に棲み、アナホリフクロウは地下に穴を掘って巣を作り、シマフクロウはシベリアの極寒にも耐えられるなど、生息環境に合わせて生態が多様化し、今日では世界に二百十七種ものフクロウが存在するという事実。そこには人類が歩んできた長い道のりと同様の、苦難や歓びがあるのではないかと想像します。

　著者は、一九六九年の夏の終わりに家族でワシントン州シアトルに引っ越し、冬になる頃、近くの森にニシアメリカオオコノハズクが生息していることを知ります。そして家の二階の窓から見えるヒマラヤスギの大木に設置した巣箱に一組のつがいが棲みついたことから、観察の日々が始まります。

雌雄のフクロウの触れ合いやさまざまな鳴き方、雛が生まれてからの親としてのそれぞれの役割、狩りの様子を観察していて納得したこと（フクロウは縄張り内の木立の具合を記憶しているらしいこと、対指足の利点、視覚と聴覚の役割など）や、外敵との関係（捕食／被捕食の関係、モビング、ペレットや食べ残しの処理など）が、月ごとに克明に記録されていきます。著者の娘さんたちも、幼い頃から親鳥の献身的な愛を間近に見て、その利他的な姿勢や野生生物と触れ合うということについて多くを学びます。

観察や調査は細部に及び、独特の目の構造、首が旋回する仕組み、羽毛に覆われた顔盤を使った集光／集音方法、優れた記憶力など、すべての特徴が狩りの際の情報収集に活かされていること、積雪や下生えの奥に潜む獲物を捕まえる肢の構造、飛翔時に音を立てない羽根の仕組み、カラスの三倍はあると言われる神経細胞に支えられた聴覚、キツツキなど他の鳥が作った巣や木の洞、崖、建造物などを利用した営巣行為、巣や家族を守るために主に雄が行なう擬傷行動、獲物の貯蔵など、フクロウの営みが明らかにされていきます。

第三章では、古来、フクロウが人類にとってインスピレーションの源であり続けていることが語られます。古くは三万年前、フランスのショーヴェ洞窟にワシミミズクが描かれました。危険な夜を支配し、力強く、悠々と、音も立てずに飛翔する生き物に心を揺さぶられ、美的感覚がかき立てられ、畏怖と敬意をもって崇めたくなるのは、昔も今も変わらないということなのでしょう。洞窟壁画以外にも、力や知性、公正さの象徴としての紋章、シェイクスピアやエドワード・リアなどの文芸作品、ミケランジェロやヒエロニムス・ボスなどの芸術作品、江戸時代の日本の絵師たちが描いた自然の一部としてのフクロウといった具合に、国境や時代を超越して人類がフクロウに魅了されてきた結果としての文化が紹介されます。

後半に入って第四章以降は、北米に生息する代表的な、または特にユニークな十九種を取り上げ、分布域と生息環境、食生活、鳴き声、求愛行動、巣づくりなど、独特の生態を紹介しています。

本書の魅力は、フクロウの生態を紹介するうえで、人間の営みとの関わりに触れながらも、人間の都合や事情を基準にしていない点にあると思います。対等の立場でフクロウと接し、その中でフクロウと人類の共存、繁栄につながることを学ぼうとする姿勢には清々しささえ感じました。野生の生き物を含む自然を対象に、画家、彫刻家としても活躍する著者が、フクロウのことをさらに深く知るためにフクロウを間近に観察して描いたという豊富な挿絵は、どれも緻密で迫力があります。これらと文章が相まって、読者はフクロウの生態について理解を深めることができるでしょう。

著者が幼少期を過ごしたロサンゼルス、進学したワシントン大学のあるシアトルには、当時はまだ手つかずの自然が豊かに残っていて、野生の動植物に囲まれた毎日を過ごすうちに、目にしたものを絵や彫刻といった形に残すようになるのは必然だったということです。今も自宅やアトリエは自然に囲まれたところにあって、自然環境にインスピレーションを受けて絵画や彫刻を制作し、日常的に目の当たりにしている自然の驚異に敬意を表し、また畏怖し、その保全に努めるという、生活のリズムもサイクルももはや自然の一部のようにすら感じます。著者のウェブサイト（www.tonyangell.net）には、活動内容や作品、そして著者自身に関することが詳しく掲載されていますので、ぜひご覧になってみてください。著者のこれまでの著作の中では、*Gifts of the Crow*（2012）が、『世界一賢い鳥、カラスの科学』（ジョン・マーズラフとの共著、東郷えりか訳、河出書房新社、二〇一三年）として邦訳されています。

フクロウたちの棲む世界も、ぼくたちが暮らす世界も、その存在をお互いに知っているか知らないか、慮《おもんぱか》ることができているのかいないのか、といった現実があるだけで、本来、何も異なるものではないのだと思います。「フクロウの家」とは、広義にとらえればぼくたちの家でもあります。「二十六夜」の穂吉がエンジェルさんと出会えるような世界になれば、もう少し心安らかに日々の営みに精を出すことができるのだろうなあと思います。

本書は Tony Angell, *The House of Owls*（Yale University Press, 2015）の全訳です。第三章で引用されているシェイ

クスピア『ジュリアス・シーザー』『マクベス』『リチャード二世』は、いずれも白水uブックスの小田島雄志訳を使用させていただきました。この場をお借りしてお礼申し上げます。ありがとうございました。いつもと少し違う視点と想像力のヒントを与えてくれる、こんなにも慈愛に満ちた本書を翻訳する機会を与えてくださった白水社の皆さまに感謝申し上げます。特に編集部の金子ちひろさんにはお世話になりました。本書を読んでくださった読者の皆さま、ありがとうございました。フクロウも人間も、共に大きな自然の一部として、これからも心穏やかな繁栄を享受できる世の中でありますように。

二〇一八年十二月

伊達淳

索引

た行

な行

は行

ま行

や行

ら行

わ行

参考文献

Angell, Tony. *Owls.* Seattle: University of Washington Press, 1974.

Angell, Tony, and John Marzluff. *Gifts of the Crow.* New York: Simon & Schuster, 2012.［トニー・エンジェル、ジョン・マーズラフ『世界一賢い鳥、カラスの科学』東郷えりか訳、河出書房新社、2013年］

Angell, Tony, and John Marzluff. *In the Company of Crows and Ravens.* New Haven: Yale University Press, 2005.

Backhouse, Francis. *Owls of North America.* Buffalo: Firefly Books, 2008.

Baldini, Umberto. *The Sculpture of Michelangelo.* New York: Rizzoli International Publications, 1981.

Bannick, Paul. *The Owl and the Woodpecker.* Seattle: Mountaineers Books, 2008.

Barnard, Jeff. "Freds Advance Plan to Kill Barred Owls in Northwest." *Seattle Times,* July 23, 2013.

Bates, Marston. *The Forest and the Sea: A Look at the Economy of Nature and the Ecology of Man.* New York: Vintage Books, 1960.［マーストン・ベイツ『森と海の生態』岡田宏明訳、時事通信社、1963年］

Bent, Arthur Cleveland. *Life Histories of North American Birds of Prey,* part 2, vol. 170, United States National Museum Bulletin. Washington, D.C.: Smithsonian Institution, 1938.

Borror, Donald Joyce, and Richard E. White. *A Field Guide to the Insects of America North of Mexico.* Boston: Houghton Mifflin, 1970.

Bowers, Nora and Rick. *Mammals of North America.* New York: Houghton Mifflin, 2004.

Bull, E. L., and J. R. Duncan. 1993. Great Gray Owl (*Strix nebulosa*). In *The Birds of North America,* no. 41 (A. Poole and F. Gill, eds.). Philadelphia: The Academy of Natural Sciences; Washington, D.C.: The American Ornithologists' Union.

Burton, John A., ed. *Owls of the World.* New York: Eurobook, 1973.

Cannings, R. J. 1993. Northern Saw-whet Owl (*Aegolius acadicus*). In *The Birds of North America,* no. 42 (A. Poole and F. Gill, eds.). Philadelphia: The Academy of Natural Sciences; Washington, D.C.: The American Ornithologists' Union.

Cannings, R. J., and T. Angell. 2001. Western Screech Owl (*Megascops kennicottii*). In *The Birds of North America,* no. 597 (A. Poole and F. Gill, eds.). Philadelphia: The Academy of Natural Sciences; Washington, D.C.: The American Ornithologists' Union.

Cruickshank, Helen. *Thoreau on Birds.* New York: McGraw-Hill Book Company, 1964.

Duncan, James R. *Owls of the World.* Buffalo: Firefly Books, 2003.

Duncan, J. R., and P. A. Duncan. 1998. Northern Hawk Owl (*Surnia ulula*). In *The Birds of North America,* no. 356 (A. Poole and F. Gill, eds.). Philadelphia: The Academy of Natural Sciences; Washington, D.C.: The American Ornithologists' Union.

Elliot, George. *Sculpture of the Inuit: Masterworks of the Canadian Arctic.* Toronto: University of Toronto Press, 1971.

Everett, Michael. *A Natural History of Owls.* London: Hamlin Publishing Group, 1977.

Fox-Davies, Arthur C. *Heraldry: A Pictorial Archive for Artists and Designers.* Mineola: Dover Publications,

1991.
Gehlbach, Frederick. "Eastern Screech Owl Responses to Suburban Sprawl, Warmer Climate, and Additional Avian Food in Central Texas," *Wilson Journal of Ornithology,* no. 3 (2012): 631-634.
Gehlbach, Frederick. "Body Size Variation and Evolutionary Ecology of Eastern and Western Screech Owls," *Southwestern Naturalist,* no. 48 (2003): 70-80.
Gehlbach, Frederick. "Eastern Screech Owls in Suburbia: A Model of Raptor Urbanization." In *Raptors in Human Landscapes* (David M. Bird, Daniel E. Varland, and Juan Jose Negro, eds.), 69-74. San Diego: Academic Press, 1996.
Gehlbach, Frederick. 1995. Eastern Screech Owl (*Megascops asio*). In *The Birds of North America,* no. 165 (A. Poole and F. Gill, eds.). Philadelphia: The Academy of Natural Sciences; Washington, D.C.: The American Ornithologists' Union.
Gehlbach, Frederick. *The Eastern Screech Owl.* Dallas: Texas A & M University Press, 1994.
Gehlbach, Fredelick, and R. S. Baldridge. "Live Blind Snakes in Eastern Screech Owl Nests: A Novel Commensalism," *Oecologia* (1987): 560-563.
Gehlbach, Fredelick, and N. Y. Gehlbach. 2000. Whiskered Screech Owl (*Megascops trichopsis*). In *The Birds of North America,* no. 507 (A. Poole and F. Gill, eds.). Philadelphia: The Academy of Natural Sciences; Washington, D.C.: The American Ornithologists' Union.
Gehlbach, Fredelick, and Jill Leverett. "Mobbing of Eastern Screech Owls," *The Condor* 97, no. 3 (1995): 831-834.
Grossman, Mary Louise, and John Hamlet. *Birds of Prey of the World.* New York: Clarkson N. Potter, 1964.
Guitérres, R. J., A. B. Franklin, and W. S. Lahaye. 1995. Spotted Owl (*Strix occidentalis*). In *The Birds of North America,* no. 179 (A. Poole and F. Gill, eds.). Philadelphia: The Academy of Natural Sciences; Washington, D.C.: The American Ornithologists' Union.
Hauge, E. A., B. A. Millsap, and M. S. Martell. 1993. Burrowing Owl (*Speotyto cunicularia*). In *The Birds of North America,* no. 61 (A. Poole and F. Gill, eds.). Philadelphia: The Academy of Natural Sciences; Washington, D.C.: The American Ornithologists' Union.
Hayward, G. D., and P. H. Hayward. 1993. Boreal Owl (*Aegolius funereus*). In *The Birds of North America,* no. 63 (A. Poole and F. Gill, eds.). Philadelphia: The Academy of Natural Sciences; Washington, D.C.: The American Ornithologists' Union.
Heinrich, Bernd. *One Man's Owl.* Princeton: Princeton University Press, 1987. [ベルンド・ハインリッチ『ブボがいた夏　アメリカワシミミズクと私』渡辺政隆訳、平河出版社、1993 年]
Henry, S. G., and F. R. Gehlbach. 1999. Elf Owl (*Micrathene whitneyi*). In *The Birds of North America,* no. 413 (A. Poole and F. Gill, eds.). Philadelphia: The Academy of Natural Sciences; Washington, D.C.: The American Ornithologists' Union.
Holt, D. W., and S. M. Leasure. 1993. Short-eared owl (*Asio flammeus*). In *The Birds of North America,* no. 62 (A. Poole and F. Gill, eds.). Philadelphia: The Academy of Natural Sciences; Washington, D.C.: The American Ornithologists' Union.
Holt, D. W., and J. L. Peterson. 2000. Northern Pygmy Owl (*Glaucidium gnoma*). In *The Birds of North America,* no. 41 (A. Poole and F. Gill, eds.). Philadelphia: The Academy of Natural Sciences; Washington, D.C.: The American Ornithologists' Union.

Houston, C. S., D. G. Smith, and C. Rohner. 1998. Great Horned Owl (*Bubo virginianus*). In *The Birds of North America,* no. 41 (A. Poole and F. Gill, eds.). Philadelphia: The Academy of Natural Sciences; Washington, D.C.: The American Ornithologists' Union.

Hume, Rob. *Owls of the World.* Philadelphia: Running Press Book Publications, 1991.

Johnsgard, Paul. *North American Owls.* New York: Smithsonian Institution, 1988.

Leonard, Pat. "A Season of Snowy Owls." In *Living Bird* 33, no. 2 (Spring 2014).

MacKinnon, A. *Plants of the Pacific Northwest Coast: Washington, Oregon, British Columbia, and Alaska.* Rev. ed. Vancouver: Lone Pine, 2004.

Marks, J. S., D. L. Evans, and D. W. Holt. 1994. Long-eared Owl (*Asio otus*). In *The Birds of North America,* no. 133 (A. Poole and F. Gill, eds.). Philadelphia: The Academy of Natural Sciences; Washington, D. C.: The American Ornithologists' Union.

Marshall, Joe T., Jr. *Parallel Variation in North and Middle American Screech Owls.* In *Monographs of the Western Foundation of Vertebrate Zoology,* vol. 1 (Jack C. von Bloeker, Jr., ed) Los Angeles: Western Foundation of Vertebrate Zoology, 1967.

Marti, C. D. 1992. Barn Owl (*Tyto alba*). In *The Birds of North America,* no. 1 (A. Poole, P. Stettenheim, and F. Gill, eds.). Philadelphia: The Academy of Natural Sciences; Washington, D.C.: The American Ornithologists' Union.

Martin, Graham. *Birds by Night.* London: T. & A. D. Poyser, 1990.

Mayor, A. Hyatt. *A Century of American Sculpture.* New York: Abbeville Press, 1981.

Mazer, K. M., P. C. James. 2000. Barred Owl (*Strix varia*). In *The Birds of North America,* no. 508 (A. Poole and F. Gill, eds.). Philadelphia: The Academy of Natural Sciences; Washington, D.C.: The American Ornithologists' Union.

McCallum, D. A. 1994. Flammulated Owl (*Otus flammeolus*). In *The Birds of North America,* no. 93 (A. Poole and F. Gill, eds.). Philadelphia: The Academy of Natural Sciences; Washington, D.C.: The American Ornithologists' Union.

Mearns, Barbara, and Richard Mearns. *Audubon to Xantus.* San Diego: Academic Press, 1992.

Mikkola, Heimo, and Ian Willis. *Owls of Europe.* Staffordshire: T. & A. D. Poyser, 1983.

Minor, William F., Maureen Minor, and Michael F. Ingraldi. "Nesting of Red-Tailed Hawks and Great Horned Owls in a Central New York Urban/Suburban Area," *Journal of Field Ornithology* 64, no. 4 (Autumn 1993): 433–439.

Morris, Desmond. *Owl.* (Animal series; Jonathan Burt, ed.) London: Reaktion Books, 2009. ［デズモンド・モリス『フクロウ　その歴史・文化・生態』伊達淳訳、白水社、2011 年］

Nero, Robert W. *The Great Gray Owl: Phantom of the Northern Forest.* Washington, D.C.: Smithsonian Institution Press, 1980.

Parmelee, David. 1992. Snowy Owl (*Bubo scandiacus*). In *The Birds of North America,* no. 10 (A. Poole, P. Stettenheim, and F. Gill, eds.). Philadelphia: The Academy of Natural Sciences; Washington, D.C.: The American Ornithologists' Union.

Parr, Michael. "Long-Whiskered Owlet: The Bird I Had to See," *Bird Conservation,* Winter 2013–2014, p.26.

Peeters, Hans. *California Natural History Guides: Field Guide to Owls,* vol. 93 (Phyllis M. Faber, Bruce M.

Pavlik, eds.). Berkeley: University of California Press, 2007.
Proudfoot, G. A., and R. R. Johnson. 2000. Ferruginous Pygmy Owl (*Glaucidium brasilianum*). In *The Birds of North America,* no. 498 (A. Poole and F. Gill, eds.). Philadelphia: The Academy of Natural Sciences; Washington, D.C.: The American Ornithologists' Union.
Pyle, Robert Michael. *The Butterflies of Cascadia: A Field Guide to All the Species of Washington, Oregon, and Surrounding Territories.* Seattle: Seattle Audubon Society, 2002.
Rashid, Scott. *Small Mountain Owls,* Atglen, Pennsylvania: Schiffer Publishing, 2009.
Ray, Dorothy Jean. *Eskimo Art: Tradition and Innovation in North Alaska.* Seattle: University of Washington Press, 1977.
Schwartz, John. "A Snowy Owl Influx Thrills, Baffles Birders." *Seattle Times,* February 1, 2014.
Schwartz, John. "A Bird Flies South, and It's News." *New York Times,* January 31, 2014.
Singer, Robert T. *Edo Art in Japan, 1615–1868.* Washington, D.C.: National Gallery of Art, 1998.
Sparks, John, and Tony Soper. *Owls.* New York: Taplinger Publishing, 1970.
Taylore, Marianne. *Owls.* Ithaca: Cornell University Press, 2012.
Tripp, Tiana M. *Use of Bioacoustics for Population Monitoring in the Western Screech Owl* (*Megascops kennicottii*). Master's thesis, University of Victoria, 1995.
VanCamp, Laurel. *North American Fauna: The Screech Owl,* vol. 71. U.S. Fish and Wildlife Service, 1975.
Voous, Karel H. *Owls of the Northern Hemisphere.* London: William Collins Sons, 1989.
Walker, Lewis Wayne. *The Book of Owls.* New York: Alfred A. Knopf, 1974.
Warren, Lynne. "Muscle and Magic: Snowy Owls," *National Geographic,* December 2002.
Wheye, Darryl, and Donald Kennedy. *Humans, Nature, and Birds.* New Haven: Yale University Press, 2008.
Whiting, Jeffrey. *Jeffrey Whiting's Owls of North America.* (Whiting's Reference of Birds, vol. 1.) Clayton, Ontario: Heliconia Press, 1972.
Wolfe, Art. *Owls: Their Life and Behavior.* New York: Crown Publishers, 1990.
World Owl Trust, "Owl Information" (https://www.owls.org/). 2018 年 10 月 30 日閲覧。

図版クレジット

以下の図版に関しては、コーネル大学鳥類学研究所のご厚意により掲載させていただいた。
p127, p133, p143, p151, p160, p167, p175, p181, p191, p198, p207, p215, p223, p229, p237, p246, p253, p260, p268

訳者略歴

一九七一年生まれ。和歌山県那智勝浦町出身。関西学院大学商学部、東京外国語大学欧米第一課程卒業。主要訳書として、B・オキャロル『マミー』、B・ブルンナー『熊　人類との「共存」の歴史』、D・モリス『フクロウ　その歴史・文化・生態』、『サル　その歴史・文化・生態』（以上、白水社）、B・オキャロル『チズラーズ』、『グラニー』（以上、恵光社）、B・クラウス『野生のオーケストラが聴こえる――サウンドスケープ生態学と音楽の起源』（みすず書房）がある。

フクロウの家

二〇一九年一月二〇日　印刷
二〇一九年二月一〇日　発行

著者　トニー・エンジェル
訳者 ©　伊達《だて》淳《じゅん》
発行者　及川直志
印刷所　株式会社三陽社
発行所　株式会社白水社

東京都千代田区神田小川町三の二四
電話　営業部〇三（三二九一）七八一一
　　　編集部〇三（三二九一）七八二一
振替　〇〇一九〇‐五‐三三二二八
郵便番号　一〇一‐〇〇五二
www.hakusuisha.co.jp

乱丁・落丁本は、送料小社負担にてお取り替えいたします。

株式会社松岳社

ISBN978-4-560-09675-8

Printed in Japan

▷本書のスキャン、デジタル化等の無断複製は著作権法上での例外を除き禁じられています。本書を代行業者等の第三者に依頼してスキャンやデジタル化することはたとえ個人や家庭内での利用であっても著作権法上認められていません。

白水社の本

フクロウ〔新装版〕　その歴史・文化・生態

デズモンド・モリス 著／伊達 淳 訳

知恵のシンボルか、それとも凶兆の使者か？　最古の鳥類とも言われるこの謎めいた鳥の歴史・文化・生態を、『裸のサル』で知られる著名な動物行動学者がユーモアを交えて存分に解き明かす。

ハヤブサ　その歴史・文化・生態

ヘレン・マクドナルド 著／宇丹貴代実 訳

人間はなぜこんなにもハヤブサに心惹かれるのだろうか。時代の変化のなかでときには魂の象徴となり、ときには迫害された鳥の文化誌。

オはオオタカのオ

ヘレン・マクドナルド 著／山川純子 訳

幼い頃から鷹匠に憧れて育ち、最愛の父の死を契機にオオタカを飼い始めた「私」。ケンブリッジの荒々しくも美しい自然を舞台に、新たな自己と世界を見いだす鮮烈なメモワール。コスタ賞＆サミュエル・ジョンソン賞受賞作。